Christophe Kunze, Cornelia Kricheldorff (Hrsg.)

Assistive Systeme und Technologien zur Förderung der Teilhabe für Menschen mit Hilfebedarf

Ergebnisse aus dem Projektverbund ZAFH-AAL

D1718660

Christophe Kunze, Cornelia Kricheldorff (Hrsg.)

Assistive Systeme und Technologien zur Förderung der Teilhabe für Menschen mit Hilfebedarf

Ergebnisse aus dem Projektverbund ZAFH-AAL

PABST SCIENCE PUBLISHERS
Lengerich

Korrespondenzadressen:

Prof. Dr. Ing. Christophe Kunze
Hochschule Furtwangen
Fakultät Gesundheit, Sicherheit, Gesellschaft
Robert-Gerwig-Platz 1
78120 Furtwangen im Schwarzwald
E-Mail: kuc@hs-furtwangen.de

Prof. Dr. Cornelia Kricheldorff
Katholische Hochschule Freiburg
Institut für Angewandte Forschung, Entwicklung und Weiterbildung
Karlstraße 63
79104 Freiburg
E-Mail: cornelia.kricheldorff@kh-freiburg.de

Titelbild: © Hochschule Furtwangen

Bibliografische Information Der Deutschen Bibliothek
Die Deutsche Bibliothek verzeichnet diese Publikation in der Deutschen Nationalbibliografie; detaillierte bibliografische Daten sind im Internet über <http://dnb.ddb.de> abrufbar.

© 2017 Pabst Science Publishers, 49525 Lengerich, Germany

Formatierung: Susanne Kemmer
Druck: KM-Druck, D-64823 Groß-Umstadt

Print: ISBN 978-3-95853-362-2
eBook: ISBN 978-3-95853-363-9 (www.ciando.com)

Inhaltsverzeichnis

Einführung

Christophe Kunze[a]
Cornelia Kricheldorff[b]

[a] Hochschule Furtwangen
[b] Katholische Hochschule Freiburg

Im Projektverbund ZAFH-AAL (Zentrum für Angewandte Forschung – Assistive Systeme und Technologien zur Sicherung sozialer Beziehungen und Teilhabe für Menschen mit Hilfebedarf) werden seit 2013 innovative Systeme und Technologien zur Unterstützung eines selbstständigen Lebens bis ins hohe Alter sowie zur Sicherung sozialer Beziehungen und Teilhabe für Menschen mit Hilfebedarf entwickelt und untersucht. Derartige Ansätze gewinnen mit Blick auf die demographische Entwicklung und auf Grund des Bedürfnisses einer immer größer werdenden Gruppe hochbetagter Bürgerinnen und Bürger, möglichst lang selbstbestimmt im gewohnten Umfeld zu leben, zunehmend an Bedeutung. Dabei steht die Förderung und Ermöglichung sozialer Teilhabe im Mittelpunkt und es geht um die Ermöglichung eines möglichst langen Verbleibs im gewohnten Umfeld, auch bei wachsendem Hilfe- und Pflegebedarf. Der vorliegende Band stellt ausgewählte Ergebnisse des Projektverbundes dar.

Der Projektverbund ZAFH-AAL wird von der Hochschule Furtwangen koordiniert, weitere Projektpartner sind die Hochschule Ravensburg-Weingarten, die Katholische Hochschule Freiburg, die Universität Freiburg und das Steinbeis Innovationszentrum SIZ. Die Forschungsarbeiten im Projektverbund wurden von 2013-2017 vom Ministerium für Wissenschaft und Kunst Baden-Württemberg gefördert.

Das Themenfeld des ZAFH-AAL, die technische Unterstützung der Selbstständigkeit und der sozialen Teilhabe älterer Menschen, stellt ein stark interdisziplinäres Forschungsfeld an der Schnittstelle zwischen Technik- und Sozialwissenschaften sowie der Sozialen Gerontologie dar, welches damit nicht einer Fachdisziplin zugeordnet werden kann. Zudem sind aufgrund der hohen gesellschaftlichen Bedeutung des Themas und der damit verbundenen notwendigen gesellschaftlichen und ethischen Positionierungen auch die Schnittstellen Wissenschaft-Praxis und Wissenschaft-Gesellschaft prägend für das Forschungsfeld.

Kennzeichnend für die überwiegende Mehrheit anderer Forschungsaktivitäten in diesem Umfeld ist, dass diese als fokussierte Einzelprojekte im Allgemeinen ein einzelnes Anwendungs- oder Technologiefeld adressieren. Eine Besonderheit des ZAFH-AAL ist in diesem Kontext, dass integriert im Projektverbund auch übergreifende Fragestellungen und methodische Aspekte bearbeitet werden. Dazu kombiniert der Projektverbund Teilprojekte, in denen konkrete technische Systeme für einzelne Anwendungsfelder entwickelt werden, gezielt mit Teilprojekten, in denen ausgewählte Querschnittsaspekte praxisnah bearbeitet werden.

In dieser Publikation werden wesentliche Ergebnisse aus dem Projektverbund dargestellt. Die Publikation gliedert sich in drei Teile:

• In Teil 1 werden Erfahrungen aus zwei exemplarischen Anwendungsfeldern technischer Assistenz vorgestellt, zu denen im Projektverbund unter Einbindung von Nutzenden und weiteren Stakeholdergruppen Bedarfserhebungen, Testungen von Systemen oder Evaluationen durchgeführt wurden. Die dabei untersuchten Anwendungsfelder sind zum einen die Umfeldwahrnehmung und Navigationsunterstützung mobilitätseingeschränkter Menschen mit Sehbehinderung, zum anderen die Unterstützung von Inklusion und sozialer Teilhabe bei Inkontinenz mit Hilfe einer Geruchssensorik.

• Teil 2 stellt ausgewählte Forschungsergebnisse zu technischen Aspekten und technischen Grundlagen für Assistenzsysteme vor. Die Beiträge beschreiben mikrosystemtechnische Ansätze für eine Geruchssensorik und eine IT-Architektur zum Schutz der Privatsphäre in vernetzten Heimumgebungen im AAL-Kontext.

• Teil 3 greift übergreifende und interdisziplinäre Aspekte der technischen Assistenz für Menschen mit Hilfebedarf auf. Dabei werden ein Dialoginstrument zur Aushandlung ethischer und sozialgerontologischer Fragestellungen in AAL-Projekten, Erfahrungen zur interdisziplinären Kooperation in AAL-Projekten, und Ergebnisse zur Bedeutung von Technik in der Qualifizierungspraxis von Medizin und Pflege sowie in der pflegerischen Beratung dargestellt.

Teil I

In Teil 1 werden Erfahrungen aus zwei exemplarischen Anwendungsfeldern technischer Assistenz vorgestellt, zu denen im Projektverbund unter Einbindung von Nutzenden und weiteren Stakeholdergruppen Bedarfserhebungen, Testungen von Systemen oder Evaluationen durchgeführt wurden. Die dabei untersuchten Anwendungsfelder sind zum einen die Umfeldwahrnehmung und Navigationsunterstützung mobilitätseingeschränkter Menschen mit Sehbehinderung, zum anderen die Unterstützung von Inklusion und sozialer Teilhabe bei Inkontinenz mit Hilfe einer Geruchssensorik.

Intelligente Navigationsunterstützung für wahrnehmungseingeschränkte Menschen[1]

*Andreas Wachaja[a], Miguel Reyes Adame[b], Johannes Steinle[c],
Maik H.-J. Winter[c], Wolfram Burgard[a] & Knut Möller[b]*

[a] Institut für Informatik, Universität Freiburg
[b] Institut für Technische Medizin, Hochschule Furtwangen
[c] Institut für Angewandte Forschung – Angewandte Sozial- und Gesundheitsforschung, Hochschule Ravensburg-Weingarten

Mit zunehmendem Alter steigt das Risiko, an einer Sehstörung zu erkranken. Konventionelle Blindenhilfsmittel wie der Langstock oder der Blindenhund können die Mobilität von betroffenen Personen verbessern, sind jedoch nicht für den Einsatz bei einer zusätzlichen Gehbehinderung geeignet. Dieser Beitrag stellt einen intelligenten Rollator für sehbehinderte Menschen vor. Durch den Einsatz leistungsfähiger Lasersensoren und Algorithmen zur Umgebungserfassung und Navigation unterstützt der Rollator blinde Menschen bei Navigationsaufgaben im Alltag. Dabei führt er die Nutzenden durch Signale von Vibrationsmotoren zu gewünschten Zielpositionen und signalisiert Objekte und potenzielle Hindernisse in seiner Umgebung. Die Validierung des Gesamtsystems erfolgte im Rahmen von zwei Experimenten. Die Resultate zeigen, dass der intelligente Rollator zur sicheren Navigation in unbekannten Umgebungen genutzt werden kann.

---

[1] Diese Arbeit wurde unterstützt vom Ministerium für Wissenschaft, Forschung und Kunst Baden-Württemberg (Az. 32-7545.24-9-1-1) im Rahmen des Projekts ZAFH-AAL und vom Bundesministerium für Bildung und Forschung unter Vertragsnummer 13EZ1129B-iVIEW.

1   Einführung

Laut einer Studie der Weltgesundheitsorganisation sind 81,9 % aller blinden Menschen weltweit älter als 50 Jahre (Pascolini und Mariotti 2012). Speziell Menschen dieser Bevölkerungsgruppe unterliegen einem höheren Risiko, zusätzlich zu ihrer Sehbehinderung an einer Gehbehinderung zu erkranken. Herausforderungen stellen auch Erkrankungen wie das Usher-Syndrom dar, bei denen in Kombination mit einer Hörsehbehinderung häufig auch Störungen des Gleichgewichtssinnes auftreten. Konventionelle Blindenhilfsmittel wie der Langstock oder der Blindenhund können nicht oder nur sehr eingeschränkt eingesetzt werden, wenn eine zusätzliche Gehbehinderung oder Gleichgewichtsstörung vorliegt. Darüber hinaus können diese klassischen Hilfsmittel ausschließlich zur Navigation im Nahbereich eingesetzt werden und ermöglichen so bspw. keine zielsichere Navigation in weitläufigen, unbekannten Umgebungen.

In unserer Arbeit entwickeln wir ein neuartiges technisches Hilfsmittel, das speziell für blinde Menschen mit Gehbehinderung geeignet ist. Das System basiert auf einem handelsüblichen Rollator, der mit Lasersensoren zur Erfassung seiner Umgebung, einem Kleinstrechner zur Datenverarbeitung und Komponenten zur Stromversorgung ausgestattet ist. Der intelligente Rollator ist in der Lage, ein dreidimensionales Modell seiner Umgebung zu erfassen und darauf aufbauend blinde Menschen bei Navigationsaufgaben zu unterstützen. Der Aufbau ist modular, sodass das Navigationssystem auf verschiedenen Rollatoren mit geringem Aufwand angebracht werden kann. Die Kommunikation mit den Nutzenden erfolgt über vibrotaktiles Feedback. Dabei kann entweder auf Vibrationsmotoren zurückgegriffen werden, die in die Handgriffe des Rollators integriert wurden, oder aber auf einen Vibrationsgürtel, der um den Bauch getragen wird. So ist sichergestellt, dass der Gehörsinn der blinden Personen für andere wichtige Aufgaben wie z.B. Kommunikation und Orientierung zur Verfügung steht. Der Rollator kann sowohl zum Erkennen und Vermeiden von Hindernissen in der lokalen Umgebung eingesetzt werden, als auch zur Navigation zu gewünschten Zielpositionen.

Dieser Beitrag ist in fünf Abschnitte gegliedert. Im nächsten Abschnitt werden zunächst bestehende elektronische Hilfsmittel für Menschen mit Seh- und Gehbehinderungen analysiert. Anschließend wird der Systemaufbau des intelligenten Rollators im Hinblick auf die Software- und Hardwarearchitektur erläutert. Dabei wird auch auf die beiden verschiedenen Navigationsmodi und die verschiedenen Möglichkeiten zur Informationsübermittlung eingegangen. Der vierte Abschnitt berichtet über Ergebnisse der experimentellen Evaluierung. Anschließend werden die Ergebnisse der Untersuchungen zusammengefasst und ein Ausblick auf zukünftige Entwicklungen gegeben. Diese Publikation ist eine ergänzte Zusammenfassung unserer Forschungsergebnisse (Adame et al. 2013, Wachaja et al. 2015, Wachaja et al. 2017).

2   Stand der Forschung

Es existieren bereits Forschungsarbeiten zu intelligenten Rollatoren für ältere Menschen. Bestehende Systeme sind jedoch in der Regel nicht für den Einsatz bei einer Sehbehinderung geeignet. Häufig sind diese Rollatoren motorisiert, sodass die Autonomie der Benutzenden stark eingeschränkt wird (MacNamara und Lacey 2000, Yu et al. 2003). Darüber hinaus basiert eine große Anzahl der Navigationshilfen auf Algorithmen, welche typische Eigenschaften der Mensch-Maschine-Interaktion wie große Verzögerungszeiten, individuelles Verhalten verschiedener Benutzender und hohe Unsicherheiten nicht berücksichtigen. Diese Systeme sind gewöhnlich nicht in der Lage, detaillierte Umgebungsinformationen zu übermitteln. Dementgegen ist unser Ziel die Entwicklung eines intelligenten Rollators, der die Bewegungsautonomie nicht einschränkt und der in der Lage ist, typische Bewegungsparameter von Menschen zu berücksichtigen.

Dakopoulos und Bourbakis (2010) untersuchen in ihrer Arbeit mehrere elektronische Navigationshilfen für Blinde. Bestehende Systeme können anhand ihres Autonomiegrades klassifiziert werden. Hochgradig autonome Systeme können ihre eigene Position im Raum ermitteln und Pfade planen, auf denen die Benutzenden zur gewünschten Zielposition geführt werden (Kulyukin et al. 2006, Rodriguez-Losada et al. 2005). Die Gefahr dieser Systeme besteht darin, dass sie die Autonomie der Personen einschränken, indem sie sie nicht ausreichend in den Navigationsprozess einbinden. Systeme mit einem mittleren Autonomiegrad sind ähnlich wie ein Blindenhund in der Lage, Hindernisse in der Nähe zu vermeiden. Sie können jedoch keine Wege über längere Distanzen planen (Ulrich und Borenstein 2001, MacNamara und Lacey 2000). Systeme mit einem geringen Grad an Autonomie erkennen Hindernisse in der Umgebung und signalisieren diese dem Benutzenden (Rodríguez et al. 2012). Unser intelligenter Rollator ist modular aufgebaut und so ausgestattet, dass der Autonomiegrad je nach Bedarf und Umgebung frei gewählt werden kann. Es bestehen verschiedene Möglichkeiten, Hindernisse oder Navigationshinweise zu signalisieren. Diese reichen von einer Audioausgabe (Rodríguez et al. 2012) über *Force Feedback* (Ulrich und Borenstein 2001) bis hin zu Vibrationssignalen (Möller et al. 2009, Cosgun et al. 2014). Unser System verwendet vibrierende Handgriffe oder einen Gürtel mit fünf integrierten Vibrationsmotoren. Dadurch wird eine Überlagerung von Umgebungsgeräuschen durch zusätzliche Audiosignale vermieden und maximale Bewegungsfreiheit ermöglicht.

3   Der intelligente Rollator

Abbildung 1 zeigt den Aufbau des intelligenten Rollators. Er basiert auf einem handelsüblichen Rollatorgestell, das mit einer Einheit zur Datenerfassung, Datenverarbeitung und Energieversorgung ergänzt wurde. Zusätzlich sind Vibrationsmotoren in die Handgriffe des Rollators integriert, die zur Kommunikation verwendet werden. Um dem Benutzenden stets die Wahl der Bewegungsrichtung und -geschwindigkeit zu überlassen, ist der intelligente Rollator unmotorisiert. Je nach Navigationsmodus werden Hindernisse oder Bewegungsempfehlungen entweder über die beiden Vibrati-

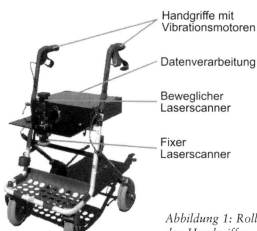

Handgriffe mit
Vibrationsmotoren

Datenverarbeitung

Beweglicher
Laserscanner

Fixer
Laserscanner

Abbildung 1: Rollator mit Vibrationsmotoren in den Handgriffen, Einheit zur Datenverarbeitung und Lasersensoren.

onsmotoren in den Handgriffen des Rollators kommuniziert, oder über einen Vibrationsgürtel. Der Gürtel wird um den Bauch getragen und enthält fünf Vibrationsmotoren, einen auf der Vorderseite, einen auf jeder Seite und je einen Motor vorne rechts und links. Dadurch können Richtungen im Vergleich zu den Vibrationsmotoren in den Handgriffen mit einer besseren räumlichen Auflösung vermittelt werden. Der Gürtel kommuniziert mit dem Rollator drahtlos über eine Bluetooth-Verbindung.

Abbildung 2 zeigt den Aufbau der Softwarearchitektur. Unsere Software basiert auf dem Robot Operating System (Quigley et al. 2009). Wir verwenden zwei 2D-Laserscanner zur Lokalisierung und Kartierung der Umgebung. Der erste Laserscanner vom Typ Hokuyo UTM-30LX ist fix auf dem Erweiterungsmodul montiert. Er dient zur Schätzung der Eigenbewegung des Rollators durch Laser Scan Matching (Censi 2008) und kann bei Bedarf zur Lokalisierung des Rollators in einer Karte verwendet werden. Der zweite Laserscanner, ein Hokuyo UTM-X002S, wird von einem Ser-

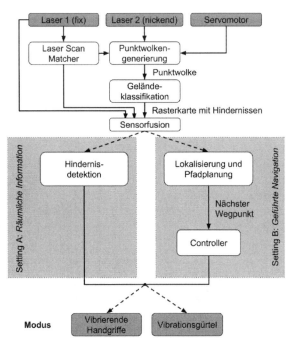

Abbildung 2: Softwarearchitektur des intelligenten Rollators im Zusammenspiel mit der Hardware.

vomotor kontinuierlich auf und ab bewegt. Hierdurch erfasst der Rollator ein dreidimensionales Modell seiner Umgebung. Basierend auf diesem Modell erkennt das System Hindernisse in der Umgebung des Rollators. Im Gegensatz zu konventionellen Blindenhilfsmitteln werden zusätzlich sowohl Hindernisse auf Kopfhöhe als auch negative Hindernisse wie abfallende Treppenstufen erkannt. Die Hinderniserkennung erfolgt mit dem Height-Length-Density Klassifikator (Morton und Olson 2011), den wir speziell für die Navigation von Menschen in engen Innenräumen optimiert haben. Es existieren zwei verschiedene Settings, in denen der intelligente Rollator betrieben werden kann, *Räumliche Information* und *Geführte Navigation*.

3.1   Setting A: Räumliche Information

Im ersten Setting erkennt der Rollator Hindernisse in der Umgebung und signalisiert diese. Ähnlich wie bei der Navigation mit dem Langstock wird auf diese Art die Umgebung wahrgenommen, jedoch gibt der Rollator keine direkte Empfehlung für Bewegungsrichtungen. Erkannte Hindernisse werden entweder über die vibrierenden Handgriffe oder über den Vibrationsgürtel signalisiert. In beiden Fällen werden Hindernisse in der Umgebung dem entsprechenden Vibrationsmotor zugeordnet. Jeder Vibrationsmotor signalisiert anschließend die Distanz zu dem Hindernis, das ihm am nächsten ist. Dabei wird die Entfernung zum Hindernis, ähnlich wie bei einer Einparkhilfe im Auto, durch Pulsfrequenzmodulation enkodiert. Das heißt, jeder Vibrationsmotor gibt Pulse mit fixer Intensität, aber variierendem Impulsabstand. Der Impulsabstand verhält sich linear zur Hindernisdistanz. Die Unterschreitung einer kritischen Distanz resultiert in kontinuierlicher Vibration. Analog dazu werden keine Signale mehr gesendet, sobald die Distanz zum nächsten Hindernis größer ist als ein Grenzwert. Alle Parameter können personenspezifisch angepasst werden. Wir verwenden Pulsfrequenzmodulation anstelle von variierenden Vibrationsintensitäten, da diese Technik robuster gegenüber dämpfenden Materialien wie bspw. einer Jacke, die unter dem Vibrationsgürtel getragen werden könnte, ist. Darüber hinaus kann die Unterschreitung von kritischen Distanzen durch kontinuierliche Vibration eindeutig signalisiert werden.

3.2   Setting B: Geführte Navigation

Im zweiten Setting führt der intelligente Rollator die Benutzenden mit Hilfe von Vibrationssignalen zu einer gewünschten Zielposition. In diesem Setting wird a priori eine 2D-Karte der Umgebung benötigt. Diese wird im Vorfeld mit einem SLAM-Algorithmus (Simultaneous Localization and Mapping) erstellt, bspw. unter Verwendung eines Rao-Blackwellized Particle Filters (Grisetti et al. 2007). In öffentlichen Umgebungen oder größeren Einrichtungen könnten z.b. vorgefertigte Karten einfach über WiFi-Hotspots zur Verfügung gestellt werden. Die Lokalisierung des Rollators in der Karte erfolgt mit einem Partikelfilter (Fox 2002). Da der Rollator keine Möglichkeit zur Messung der Radodometrie aufweist, verwenden wir die Schätzung des Laser Scan Matchers als Prädiktion für den Partikelfilter. Die Pfadplanung zur Zielposition übernimmt ein Dijkstra-Planer unter zusätzlicher Berücksichtigung der Geländeklassifikation des Height-Length-Density Klassifikators. Die Spezifikation einer Zielposition kann bspw. über Spracheingabe erfolgen. Dies ist jedoch nicht im Fokus dieser Arbeit, da hierzu bereits Lösungen vorliegen. Auf Basis der jeweiligen Position des Rollators werden Bewegungsempfehlungen in der Form von Vibrationssignalen generiert, die den Benutzenden sicher auf dem geplanten Pfad zur Zielposition führen. Wir unterscheiden zwischen drei verschiedenen Möglichkeiten zur Interaktion:

Vibrierende Handgriffe: Der Rollator plant einen Pfad zur Zielposition unter Berücksichtigung aller statischen und dynamischen Hindernisse. Die Pfadführung erfolgt durch Navigationssignale von den Handgriffen.

Vibrationsgürtel: Wie bei den Handgriffen plant der Rollator einen Pfad zur Zielposition unter Berücksichtigung aller Hindernisse. Die Pfadführung erfolgt in diesem Fall durch Navigationssignale vom Vibrationsgürtel.

Handgriffe und Gürtel kombiniert: Die Pfadplanung erfolgt nur unter Berücksichtigung der statischen Hindernisse, die Pfadführung durch Navigationssignale von den Handgriffen. Dynamische Hindernisse werden über den Vibrationsgürtel signalisiert, der die Hindernisse wie unter Setting A beschrieben signalisiert.

Während in den ersten beiden Szenarien der Rollator sowohl die Aufgabe der globalen Navigation als auch die der lokalen Navigation übernimmt, ist dies im dritten Szenario in der Verantwortung der Nutzenden. Aufgrund der Kombination beider Feedbackmethoden, Gürtel und Handgriffe, stellt dieses Szenario erhöhte Anforderungen an die Perzeption. Es involviert die Benutzenden jedoch auch stärker in den Navigationsprozess und erhöht das Kontextwissen. In allen drei Szenarien wird auf vier verschiedene Navigationssignale zurückgegriffen: *Geradeaus*, *Linksdrehung*, *Rechtsdrehung* und *Zielposition erreicht*. Jedes Signal wird so lange wiederholt, bis es durch ein anderes ersetzt wird. Das aktuelle Navigationssignal wird unter Berücksichtigung des geplanten Pfades zur Zielposition, der Rollatorposition und von Bewegungsparametern der Nutzenden ermittelt (Wachaja et al. 2015). Die Navigationssignale werden jeweils entweder über die vibrierenden Handgriffe oder über den Vibrationsgürtel übertragen. Um die Signale leicht unterscheidbar und intuitiv zu machen, verwenden wir verschiedene Vibrationsrhythmen und nutzen die räumliche Anordnung der Vibrationsmotoren:

Geradeaus: Pulsierende Vibration auf beiden Motoren (Handgriffe) oder dem vorderen Motor (Gürtel). Nach jedem Vibrationspuls von 100ms Dauer erfolgt eine Pause von 400ms.

Drehung: Handgriffe: Kontinuierliche Vibration links/rechts. Gürtel: Die Vibrationsmotoren werden von rechts nach links oder von links nach rechts jeweils für 250ms sequentiell aktiviert, sodass der Eindruck eines kreisenden Signals entsteht. Dieses Vibrationsmuster ist vergleichbar zu dem Muster *SOLO ONCE* von Cosgun et al. (2014).

Zielposition erreicht: Alle Vibrationsmotoren am Gürtel oder an den Griffen werden jeweils mit 100 % Vibrationsintensität aktiviert, anschließend mit 50 % und daraufhin ausgeschaltet. Jeder Zustand wird für 500ms beibehalten.

4 Experimentelle Evaluierung

Die Evaluierung des intelligenten Rollators erfolgte in zwei Stufen. In einem ersten Experiment wurde der Modus zur Hindernisvermeidung, Setting A, mit zehn Proband(inn)en im Alter der Zielgruppe, evaluiert. Die Evaluierung von Setting B, der geführten Navigation, erfolgte mit Probanden ohne Sehbeeinträchtigung im mittleren Alter.

4.1 Setting A: Hindernisfeedback

Ziel der ersten Evaluierung war es, die Gesamtfunktionalität des intelligenten Rollators zu testen, die Akzeptanz des Systems bei Personen im Alter der Zielgruppe zu untersuchen und die verschiedenen Ausgabemodalitäten *Vibrationsgürtel* und *vibrierende Handgriffe* zu bewerten. Im Rahmen dieses Feldtests durchliefen zehn Senior(inn)en im Alter von 65 bis 80 Jahren mit dem Rollator eine Testumgebung. Neun Proband(inn)en hatten dabei keine oder nur geringe Sehbeeinträchtigungen. Diesen Proband(inn)en wurden während des Versuchs die Augen verbunden. Ein weiterer Proband war blind. Bei dieser Evaluierung verwendeten wir Setting A, in dem der intelligente Rollator die Proband(inn)en durch Vibrationssignale über die Distanzen zu Hindernissen in der näheren Umgebung informiert. Die Testumgebung bestand aus drei verschiedenen Szenarien. Im ersten Szenario durchliefen die Teilnehmenden mehrfach einen zehn Meter langen Korridor mit Hindernissen (siehe Abbildung 3). Dabei wurden die Anordnung der Hindernisse und die Kommunikationsmethode des Rollators randomisiert variiert. In den weiteren beiden Szenarien mussten die Proband(inn)en mit Hilfe des Rollators ein Absperrband auf Kopfhöhe und ein negatives Hin-

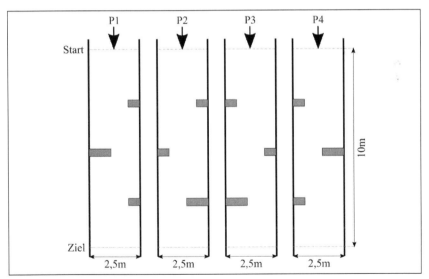

Abbildung 3: Testumgebung des ersten Szenarios für die Evaluierung des intelligenten Rollators. In einem 10m langen Gang werden Hindernisse in wechselnden Anordnungen positioniert (P1 bis P4).

dernis, in diesem Fall nach unten führende Treppenstufen, erkennen und vor den Hindernissen stoppen (siehe Abbildung 4). Bei allen drei Szenarien wurden die Teilnehmenden ständig vom Versuchsleitenden begleitet, um jegliches Sturzrisiko ausschließen zu können. Die Ergebnisse zeigen, dass die Versuchsteilnehmenden den Gang mit Hindernissen signifikant schneller durchlaufen konnten, wenn Hindernisse über die Vibrationsmotoren in den Handgriffen des Rollators signalisiert wurden. Im Hinblick auf die Kollisionshäufigkeit im ersten Szenario konnte kein signifikanter Unterschied zwischen Handgriffen und Vibrationsgürtel nachgewiesen werden. Vielmehr scheinen individuelle Benutzerpräferenzen vorzuliegen. Im zweiten und dritten Szenario konnten die Proband(inn)en die Hindernisse besser erkennen, wenn als Ausgabemodalität die vibrierenden Handgriffe des Rollators verwendet wurden. Alle Teilnehmenden der Untersuchung konnten unseren Prototyp nach einer kurzen Trainingszeit von nur fünf bis zehn Minuten zur Hindernisvermeidung verwenden.

Im Anschluss an das Durchlaufen des Testparcours wurde mit jedem Teilnehmenden ein Kurzinterview geführt, bei dem vor allem Erfahrungen mit den Signalen der Vibrationsmotoren in den Handgriffen mit denjenigen des um den Bauch getragenen Vibrationsgürtels verglichen wurden. Die

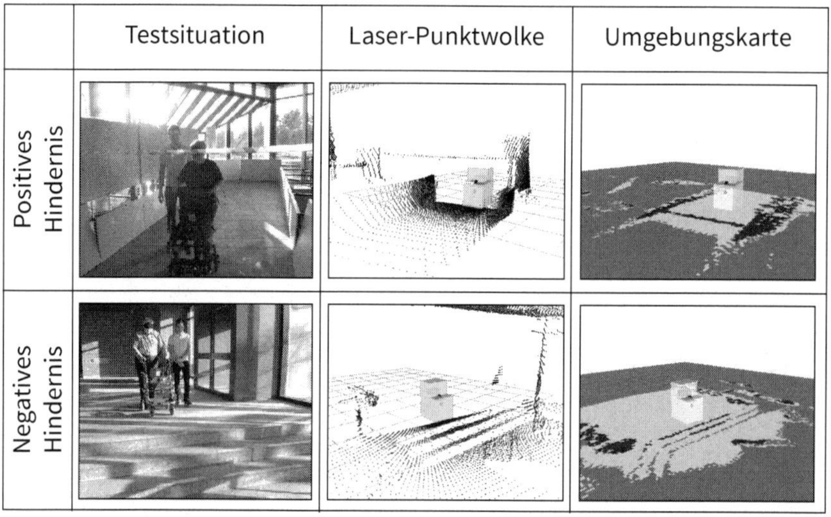

Abbildung 4: Testumgebung im zweiten und dritten Szenario der Evaluierung mit Umgebungs-Modellen.

Signalübertragung über die Vibrationsmotoren in den Handgriffen wurde bevorzugt, da der Gürtel überwiegend als unhandlich beschrieben und darüber hinaus das Anlegen als schwierig empfunden wurde. Ferner konnte durch den Feldtest bestätigt werden, dass das System intuitiv bedient werden kann. Es wurde von den Testpersonen als hilfreich eingestuft. Durch eine schnelle, intensive Ansprache auf Hindernisse durch die Signalübertragung auf die Vibratoren ist den Einschätzungen der Proband(inn)en nach ein gesteigertes Sicherheitsempfinden vorhanden. Im Anschluss ist der Wunsch nach akustischer Sprachausgabe (z.B. Warnhinweise: *STOP!*) aufgekommen, um Gefahrensituationen eindeutig zu signalisieren. Die Testpersonen waren der Meinung, dass vor allem bei einer vorliegenden Sehbeeinträchtigung oder Blindheit sowie bei Gangunsicherheiten und anhaltenden Schwindelgefühlen das Risiko einer sozialen Isolation durch den Einsatz des Systems gesenkt werden könne.

4.2 Setting B: Geführte Navigation

In der zweiten Evaluierung wurde die Fähigkeit des Gesamtsystems, die Benutzenden in engen Innenumgebungen sicher von einer Start- zu einer Zielposition zu führen, getestet. Dabei musste der intelligente Rollator sowohl statische als auch dynamische Hindernisse detektieren und vermeiden. Darüber hinaus wurde untersucht, welche Vor- und Nachteile die Navigation per Vibrationsgürtel, -handgriffen oder per kombiniertem Modus hat. Diese Evaluierung erfolgte in einer Testumgebung, die einer komplexen Innenumgebung nachempfunden war, mit zehn männlichen Probanden im Alter von 22 bis 30 Jahren. Den Probanden wurden während der Versuche die Augen verbunden. Zusätzlich wurden Umgebungsgeräusche durch einen Kapselgehörschutz unterdrückt. Bei dieser Evaluierung wurde der nickende Laserscanner zur Erkennung von kopfhohen und negativen Hindernissen nicht verwendet, da diese Hindernistypen nicht in der Testumgebung existierten. Im Vorfeld wurden drei Paare bestehend aus je einer Start- und Zielposition definiert. Die Probanden hatten die Aufgabe, jeweils mit Hilfe der Navigationssignale des intelligenten Rollators vom Start zum Ziel zu kommen. Jede Strecke wurde dabei dreimal durchlaufen, einmal pro Feedbackmodalität. Nach dem Training anhand der ersten Strecke erfolgte die Evaluierung mit den verbleibenden beiden Strecken in randomisierter Abfolge. In jedem Durchlauf wurde ein dynamisches Hindernis in Form einer Person, die in den geplanten Weg zum Ziel tritt, eingesetzt. Erfolgt die Navigation nur mit Hilfe der Handgriffe oder des Vibrationsgürtels, übernimmt der intelligente Rollator die Anpassung der Pfadplanung zur Umgehung des Hindernisses und leitet den Rollator automatisch um die Person. Im kombinierten Modus war es die Aufgabe der Probanden, das Hindernis über die Signale des Vibrationsgürtels zu erkennen und zu umgehen. Für jeden Durchgang wurden die Gehzeit, die Pfadlänge und die Anzahl der Kollisionen mit der Umgebung gemessen. Dabei zählte jede Berührung des Rollators mit einem Hindernis als Kollision.

Alle Probanden konnten in allen Durchläufen den Weg vom Start zum Ziel finden. Wie Abbildung 5 zeigt, gab es sowohl bei der Navigation mit dem Vibrationsgürtel als auch mit den vibrierenden Handgriffen nur eine geringe Anzahl an Kollisionen. Dementgegen stehen ungefähr 50 % der Durchläufe im kombinierten Modus, bei denen mindestens eine Kollision stattfand. Wir nehmen an, dass die hohe Anzahl der Kollisionen im kombinierten Modus auf die veränderte Navigationsstrategie zurückzuführen ist, welche erhöhte Anforderungen an die Fähigkeit der Benutzer stellt, die Umgebung mit Hilfe der Signale des Vibrationsgürtels wahrzunehmen. Im Hinblick auf die Länge der gegangenen Wege konnten keine signifikanten Unterschiede zwischen den verschiedenen Ausgabemodalitäten festgestellt werden. Die durchschnittliche Wegzeit mit den vibrierenden Handgriffen war mit 80 s fast halb so lang wie die Wegzeit bei der Verwendung des Vibrationsgürtels (151 s). Dies ist vermutlich darauf zurückzuführen, dass die Interpretation der Signale des Vibrationsgürtels mehr Zeit benötigt und auf-

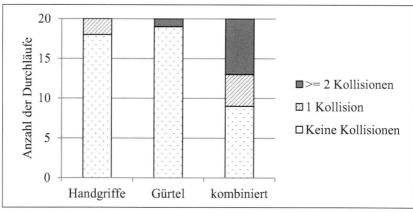

Abbildung 5: Anzahl der Durchläufe mit keiner, einer oder mehreren Kollisionen in Abhängigkeit von der Ausgabemodalität für die Navigationssignale.

grund von Unsicherheiten ein langsameres Gehtempo gewählt wird. In einer anschließenden Befragung der Benutzer bewerteten alle bis auf einen Probanden die Handgriffe am besten. Im Schnitt wurde trotz der hohen Anzahl an Kollisionen der kombinierte Modus positiver bewertet als der Navigationsmodus mit dem Vibrationsgürtel. Einige Probanden gaben an, dass sie den kombinierten Modus positiv bewerteten, da sie in diesem Modus mehr Verständnis für Ihre Umgebung erlangen konnten.

5   Zusammenfassung und Ausblick

Der vorgestellte intelligente Rollator ist eine elektronische Navigationshilfe für blinde Menschen mit zusätzlicher Gehbehinderung oder Gleichgewichtsstörung. Er basiert auf Soft- und Hardwarekomponenten aus dem Bereich der Robotik, welche speziell für die Aufgabe der Navigation von blinden Menschen angepasst wurden. Die Kommunikation mit den Benutzenden erfolgt über vibrotaktile Signale. Hierbei werden je nach Präferenz und Anwendungsfall entweder ein Vibrationsgürtel mit fünf Aktoren oder in die Handgriffe des Rollators integrierte Vibrationsmotoren verwendet. Der intelligente Rollator ist in der Lage, Hindernisse in der lokalen Umgebung zu signalisieren oder blinde Menschen direkt zu einer gewünschten Zielposition zu führen. In beiden Fällen werden sowohl positive Hindernisse, die sich über der Bodenebene befinden, als auch negative Hindernisse, wie z.b. abfallende Treppenstufen, berücksichtigt. Dies ist möglich, indem mit zwei Lasersensoren ein 3D-Modell der Umgebung generiert und kontinuierlich aktualisiert wird. Während sich das erste Setting, *Räumliche Information*, speziell zur Navigation in weitläufigen Außenumgebungen eignet, ist die geführte Navigation vorteilhaft in komplexen Innenumgebungen. Die Evaluierung des Gesamtsystems erfolgte in zwei Schritten. In einer ersten Untersuchung mit Proband(inn)en der Zielgruppe konnten wir zeigen, dass eine erfolgreiche Hindernisvermeidung mit dem System selbst für ungeübte Benutzende nach einer kurzen Einlernphase möglich ist. Hierbei wurden die vibrierenden Handgriffe dem Gürtel als Ausgabemodalität vorgezogen. Die Evaluierung des zweiten Settings, *Geführte Navigation*, erfolgte mit männlichen Probanden mittleren Alters ohne Sehstörungen mit verbundenen Augen. Es wurde gezeigt, dass der intelligente Rollator seine Benutzer über Navigationssignale erfolgreich zu Zielpositionen in der Umgebung navigieren kann. Im Hinblick auf die Signalgebung bevorzugten die Probanden die vibrierenden Handgriffe gegenüber dem Vibrationsgürtel aufgrund der leichteren Verständlichkeit der Signale. Positiv bewertet wurde der Ansatz, zusätzlich zu dem Navigationssignal in den Handgriffen Distanzen zu Hindernissen in der Umgebung mit Hilfe des Vibrationsgürtels zu übermitteln. Basierend auf den Erkenntnissen der beiden Experimente zur Evaluierung des intelligenten Rollators planen wir Systemoptimierungen wie den Einsatz von stärkeren Vibrationsmotoren und die Möglichkeit, zwischen verschiedenen Hindernistypen zu unterscheiden. In einem nächsten Schritt soll darüber hinaus der Rollator ausführlich mit Proband(inn)en der Zielgruppe in einer realitätsnahen Umgebung evaluiert werden.

6 Literaturverzeichnis

Adame, M. R., Yu, J., Moller, K. & Seemann, E. (2013): A wearable navigation aid for blind people using a vibrotactile information transfer system. In: International Conference on Complex Medical Engineering (CME), 13-18

Censi, A. (2008): An ICP variant using a point-to-line metric. In: International Conference on Robotics and Automation, 19-25

Cosgun, A., Sisbot, E. A. & Christensen, H. I. (2014): Guidance for human navigation using a vibro-tactile belt interface and robot-like motion planning. In: International Conference on Robotics and Automation (ICRA), 6350-6355

Dakopoulos, D. & Bourbakis, N. G. (2010): Wearable obstacle avoidance electronic travel aids for blind: a survey. In: IEEE Transactions on Systems, Man, and Cybernetics, Part C (Applications and Reviews), 40(1), 25-35

Fox, D. (2002): KLD-sampling: Adaptive particle filters. In: Advances in neural information processing systems, 713-720

Grisetti, G., Stachniss, C. & Burgard, W. (2007): Improved techniques for grid mapping with rao-blackwellized particle filters. In: IEEE transactions on Robotics, 23(1), 34-46

Kulyukin, V., Gharpure, C., Nicholson, J. & Osborne, G. (2006): Robot-assisted wayfinding for the visually impaired in structured indoor environments. In: Autonomous Robots, 21(1), 29-41

MacNamara, S. & Lacey, G. (2000): A smart walker for the frail visually impaired. International Conference on Robotics and Automation (ICRA), 2, 1354-1359

Möller, K., Toth, F., Wang, L., Moller, J., Arras, K. O., Bach, M., Schumann, S. & Guttmann, J. (2009): Enhanced perception for visually impaired people. In: International Conference on Bioinformatics and Biomedical Engineering, 1-4

Morton, R. D. & Olson, E. (2011): Positive and negative obstacle detection using the HLD classifier. In: International Conference on Intelligent Robots and Systems (IROS), 1579-1584

Pascolini, D. & Mariotti, S. P. (2012): Global estimates of visual impairment: 2010. In: British Journal of Ophthalmology, 96(5), 614-618

Quigley, M., Conley, K., Gerkey, B., Faust, J., Foote, T., Leibs, J., Wheeler, R. & Ng, A. Y. (2009): ROS: an open-source Robot Operating System. In: ICRA workshop on open source software, 3(2), 5

Rodríguez, A., Yebes, J. J., Alcantarilla, P. F., Bergasa, L. M., Almazán, J. & Cela, A. (2012): Assisting the visually impaired: obstacle detection and warning system by acoustic feedback. In: Sensors, 12(12), 17476-17496

Rodriguez-Losada, D., Matia, F., Jimenez, A., Galan, R. & Lacey, G. (2005): Implementing map based navigation in guido, the robotic smartwalker. In: International Conference on Robotics and Automation (ICRA), 3390-3395

Ulrich, I. & Borenstein, J. (2001): The GuideCane-applying mobile robot technologies to assist the visually impaired. In: IEEE Transactions on Systems, Man, and Cybernetics, Part A (Systems and Humans), 31(2), 131-136

Wachaja, A., Agarwal, P., Zink, M., Adame, M. R., Möller, K. & Burgard, W. (2015): Navigating blind people with a smart walker. In: International Conference on Intelligent Robots and Systems (IROS), 6014-6019

Wachaja, A., Agarwal, P., Zink, M., Adame, M. R., Möller, K. & Burgard, W. (2017): Navigating blind people with walking impairments using a smart walker. In: Autonomous Robots, 41(3), 555-573

Yu, H., Spenko, M. & Dubowsky, S. (2003): An adaptive shared control system for an intelligent mobility aid for the elderly. In: Autonomous Robots, 15(1), 53-66

Unterstützung von sozialer Partizipation inkontinenter Personen durch miniaturisierte Geruchssensorik

Vera Kallfaß

Steinbeis-Innovationszentrum Sozialplanung, Qualifizierung und Innovation
Meersburg

Inkontinenz[2] und das damit einhergehende Auftreten von Gerüchen nach Urin oder Stuhlgang belasten häufig sowohl Betroffene als auch deren Lebensumfeld. Im folgenden Forschungsbeitrag wird die mögliche Wirkung eines miniaturisierten, am Körper tragbaren und mobil einsetzbaren Geruchssensors zur Erfassung spezifischer Gase und zur Signalisierung von Pflegebedarf analysiert. Anhand des methodischen Ansatzes der Grounded Theory wurden Interviewdaten von inkontinenten Menschen mit und ohne Stomaversorgung sowie Expertengespräche mit u.a. Fachärzten und Fachberatungen erhoben und ausgewertet.

1   Forschungshintergrund

1.1   Problemstellung

Durch altersbedingte körperliche Veränderungen oder Erkrankungen sowie durch kognitive und körperliche Behinderungen kann es bei Menschen zu einem Steuerungsverlust über Blase und/oder Darm kommen. Von Inkon-

---

[2] Inkontinenz wird als die „fehlende oder mangelnde Fähigkeit des Körpers, den Blasen- und/oder Darminhalt sicher zu speichern und selbst zu bestimmen, wann und wo er entleert werden soll. Unwillkürlicher Urinverlust oder Stuhlabgang sind die Folgen" durch die Deutsche Kontinenz Gesellschaft e.V. definiert. Quelle: Deutsche Kontinenz Gesellschaft e.V. http://www.kontinenz-gesellschaft.de/Harn-Inkontinenz.28.0.html

tinenz betroffen können alle Personen- und Altersgruppen sein: aktive sich selbstversorgende Menschen, pflegerisch versorgte Menschen in häuslicher Umgebung, sowie Menschen, die in stationären Pflegesettings leben. Darüber hinaus ist ein Anteil von Menschen mit kognitivem Handicap von Inkontinenz betroffen. Nach Schätzungen sind allein in Deutschland zwischen fünf und neun Millionen Menschen von Inkontinenz in unterschiedlichster Intensität betroffen.[3] Ausscheidungsbedarf und Ausscheidungen können von den Betroffenen teilweise kognitiv nicht ausreichend wahrgenommen oder verbalisiert werden, um eine umgehende Hygienepflege durchzuführen oder einen Pflegebedarf zu signalisieren. Betroffene Menschen können zudem die durch Ausscheidungen entstehenden Gerüche unterschiedlich wahrnehmen. Ursächlich für Geruchsstörungen können u.a. Anosmien, der totale Verlust des Geruchssinns, Geruchsadaptionen, Geruchshabituation[4], Erkrankungen wie virale Infekte oder auch der natürliche alterungsbedingte Rückgang der Riechleistung sein (Schmidt 2013). Solche Störungen sind ursächlich dafür, dass Menschen ihre eigenen Körpergerüche nur noch schwach oder gar nicht mehr wahrnehmen. Eine verzögerte Inkontinenzpflege kann bei Betroffenen das Risiko körperlicher Beeinträchtigungen, wie die Bildung von Dekubiti oder die Entstehung bakterieller Entzündungen der Harnwege erhöhen. Inkontinenz bzw. Ausscheidungsgerüche sind für viele Betroffene ein zentrales und emotional hochgradig belastendes Thema. Menschen, die am gesellschaftlichen Leben aktiv teilnehmen, erleben häufig Verunsicherungen bezüglich ihres eigenen Körpergeruchs. Rückzug und eine Reduktion der sozialen Partizipation können Folgen sein.

---

[3] Aufgrund der starken Tabuisierung der Thematik liegen keine belastbaren Zahlen, sondern nur Schätzungen vor. Quelle: https://www.bvmed.de/de/versorgung/hilfsmittel/hilfsmittel-aufsaugende-inkontinenz/inkontinenz-in-deutschland-zahlen-daten-fakten

[4] „Im Gegensatz zur Adaptation, bei der es sich um eine reizseitig determinierte Herabsetzung der Empfindlichkeit handelt, die in erster Linie von der Reizdauer abhängt, geht es bei der Habituation um einen erfahrungsabhängigen Sensibilitätsverlust, dessen Ausprägung mit der Anzahl (und Regelmäßigkeit) der Assoziation von olfaktorischen und sonstigen Reizcharakteristika zunimmt (Burdach 1987). Im Gegensatz zur Adaptation, die bereits bei einmaliger andauernder Stimulierung entsteht, ist Habituation („Gewöhnung") das Ergebnis einer Vielzahl von Konfrontationen mit einem bestimmten Duftreiz. Lernprozesse bewirken, dass ein solchermaßen vertrauter Duftreiz weniger Beachtung findet als ein unerwarteter Geruch (Burdach 1987)", so Altenburger et al. 2007.

1.2   Technische Zielsetzung im Projekt

Um die aktuelle Versorgungssituation von Menschen mit Inkontinenz-symptomatik zu verbessern, soll ein technisches Unterstützungssystem entwickelt werden. Eine miniaturisierte und mobil einsetzbare Sensoreinheit soll spezifische Gase, die beim Austritt von Urin und Stuhlgang freigesetzt werden, messen und die Nutzenden diskret über eine Nachricht auf dem Smartphone informieren. Um die Grundlagen zur Entwicklung eines realitäts- und bedarfsorientierten Sensorsystems zu schaffen, wurde zwischen Technik und Sozialwissenschaft eng inter- und transdisziplinär zusammengearbeitet. Innerhalb des Forschungs- und Entwicklungsprojekts waren ein iteratives Vorgehen sowie die Setting- und Nutzerorientierung durch frühzeitige und kontinuierliche Einbindung von betroffenen Menschen und deren Lebens- und Versorgungsumfeld sowie eine laufende empirische Überprüfung bzw. Evaluation wichtige Prinzipien.

1.3   Sozialwissenschaftliche Fragestellung

Für die unterschiedlichen Zielgruppen sollen durch die Nutzung eines miniaturisierten und mobil einsetzbaren Geruchssensors positive Wirkungen auf Selbstsicherheit, soziale Partizipation, Inklusion und Teilhabe, Pflegequalität sowie die Entlastung der Pflegenden entstehen. In diesem Bericht wird die Ergebnisdarstellung auf die Zielgruppe der selbständig lebenden Menschen mit Harn- und/oder Stuhlinkontinenz, mit oder ohne Stoma sowie unterschiedlicher Altersgruppen, fokussiert[5]. Dabei stehen folgende Fragen forschungsleitend im Mittelpunkt:

1) Welche Rolle spielen Gerüche durch Inkontinenz und die damit verbundenen Ängste bei der Selbstsicherheit von Betroffenen?

2) Wie beeinflussen die auftretenden Gerüche und die Ängste davor die soziale Partizipation von Betroffenen?

3) Welche Wirkung kann die Nutzung eines miniaturisierten und mobil nutzbaren Geruchssensors auf die Selbstsicherheit und die soziale Partizipation von Menschen mit Inkontinenz haben?

---

[5] Pflegebedürftige Menschen und kognitiv beeinträchtigte Personen werden im Rahmen des gesamten Abschlussberichtes dargestellt.

2   Methodische Grundlage

Die Datenerhebung und Datenauswertung orientierte sich am sozialwissenschaftlichen Ansatz der Grounded Theory. Dieser Ansatz stellt einen geeigneten Zugang zu den subjektiven Sichtweisen von Betroffenen dar (Strauss und Corbin 1996). Die Grounded Theory bietet zudem eine nachvollziehbare Methodik zur Theoriegenese. Diese Theorie, die für ein bestimmtes empirisches Feld der Sozialforschung mittels einer komparativen Analyse mehrerer Gruppen innerhalb des gleichen Forschungsfeldes entwickelt wird, basiert auf empirischen Daten (Strübing 2004: 18) und ist eine Theorie mittlerer Reichweite. Theorie wird dabei verstanden als Set von Kategorien, die durch Hypothesen verknüpft sind. Diese Kategorien und Hypothesen werden in der Grounded Theory während des Forschungsprozesses durch das Zuordnen konzeptueller Bezeichnungen oder Etiketten zu Ereignissen, Vorkommnissen oder Beispielen für Phänomene entwickelt (Glaser und Strauss 2010: 50 ff.). Ziel dieser Erhebung und Auswertung ist es, durch die Analyse empirischer Daten Antworten zu finden, um die Ergebnisse konzeptionell zu ordnen und als Vorläufer einer materialen Theorie zu verdichten.

2.1   Messinstrumente und Auswertungsverfahren

Zur Messung des subjektiven Belastungserlebens inkontinenter Menschen bezüglich austretender Urin- und Stuhlgerüche sowie zur Erfassung der Haltung bezüglich eines technischen Unterstützungssystems bzw. eines miniaturisierten Geruchssensors wurden mit betroffenen Menschen halbstrukturierte Leitfadeninterviews geführt. Diese Methode ist geeignet, um „Situationsdeutungen oder Handlungsmotive in offener Form zu erfahren, Alltagstheorien und Selbstinterpretationen differenziert und offen zu erheben" (Hopf 2010: 350). Mit medizinischen Fachkräften wurden strukturierte Experteninterviews durchgeführt. Die Experteninterviews haben in der vorliegenden Forschungsarbeit die Aufgabe, das besondere Wissen der persönlich betroffenen Personen und der beruflich betroffenen Fachkräfte zugänglich zu machen (Gläser und Laudel 2006: 10 f.). Der Gesprächsverlauf orientiert sich bei beiden Interviewformen an einem halb-strukturierten Leitfaden. Diese Form der Interviewführung wurde gewählt, um eine möglichst hohe Vergleichbarkeit zwischen den Interviews zu erzielen. Neben persönlichen Interviews wurden in entsprechenden Online-Foren Diskussionen zum Austausch von betroffenen Personen angeregt und von

Betroffenen geführt. Angelehnt an die pragmatische Forschungslogik der Grounded Theory wurden die Daten zeitgleich erhoben und eine erste Analyse bzw. offene Kodierungen durchgeführt, die mehrfach zu Modifikationen und Spezifikationen der Leitfäden sowie zu einem zunehmenden konzeptuellen Niveau der Forschung führten (Glaser und Strauss 2010: 60; Strübing 2004: 48). Die Grounded Theory schlägt ein mehrstufiges Auswertungsverfahren empirischer Daten vor (Strübing 2004: 20; Flick 2002: 259 f., Kuckartz 2010: 81). Dieses wurde in der vorliegenden Forschungsarbeit folgendermaßen umgesetzt: Mit dem offenen Kodieren wurde parallel zur Datenerhebung begonnen. Die aus dem offenen und thematischen Kodieren entwickelten Konzepte und Kategorien sind sehr umfassend. Im Anschluss an die qualitative Erhebungsphase wurde das Konzeptsystem weiter verfeinert und differenziert. Aufgrund von Konkretisierungen der Zielsetzung wurden bestimmte Kategorien in den Fokus genommen. Diese Hauptkategorien wurden in den Mittelpunkt gerückt. Mittels eines vereinfachten Kodierparadigmas wurde ein dichtes Beziehungsnetz um diese Kategorien herausgearbeitet. Beim darauffolgenden axialen Kodieren wurde das gesamte Datenmaterial mittels dieser geschaffenen Struktur durchgearbeitet, Verknüpfungen und Zusammenhänge wurden herausgestellt und mit Textstellen belegt. Im Anschluss wurden die Achsenkategorien bzw. Phänomene und die damit verbundenen Zusammenhänge erläutert. Diese Achsenkategorien (Ergebnisse des axialen Kodierens) wurden über den Prozess des selektiven Kodierens zu einer Kernkategorie integriert. Es muss dabei gesagt werden, dass aufgrund von strukturellen Grenzen des Projekts die Identifikation der bedeutsamen Muster von Beziehungen zwischen den beschriebenen Kategorien vorläufiger Natur ist und keine abschließende Theorie darstellen kann.

2.2 Sample und Sampling

In die Untersuchung wurden 20 von Inkontinenz betroffene Personen einbezogen, darunter elf Frauen und neun Männer im Alter von 45-65 Jahren (elf Personen) sowie über 65 Jahren (neun Personen). Die Interviews fanden zwischen den Jahren 2013 und 2017 statt und der zeitliche Umfang betrug 25 bis 120 Minuten. Zwölf Personen wurden mittels eines Stomas versorgt, davon trugen zehn einen Dünn- bzw. Dickdarm Stoma und zwei einen Urostoma. Acht Personen hatten eine Inkontinenz ohne Stomaversorgung, davon litten drei an Harn- und Stuhlinkontinenz, eine Person an Stuhlinkontinenz und vier Personen an Harninkontinenz. Zwölf Personen waren weniger und acht Personen bereits mehr als zehn Jahre von ihrer Inkontinenz betroffen. Die Teilnehmenden wurden über die Kontaktaufnahme zu Selbsthilfegruppen rekrutiert[6]. Als Expert(inn)en wurden zwei Inkontinenz- und Stomaberaterinnen sowie drei leitende Fachärzte für Urologie, ein leitender Facharzt für Neurologie und ein leitender Facharzt für Geriatrie interviewt. Die Interviews fanden ebenfalls zwischen 2013 und 2017 statt und dauerten zwischen 20 und 90 Minuten. Auch wurde mit der Geschäftsführerin einer neurologischen Akut- und Rehaklinik ein Expertengespräch geführt und es fand ein Gespräch mit dem Geschäftsführer eines Hilfsmittelvertriebs für Stomaträger statt.

2.3 Darstellung des Wirkungsgefüges

Sowohl die betroffenen Personen als auch die Expert(inn)en berichten über unterschiedliche Faktoren, die zu einer Belastung von Menschen mit Inkontinenz führen können. Im Zentrum der Forschung stehen unterschiedliche Belastungsformen ausgehend von Gerüchen nach Urin und/oder Stuhlgang sowie die mögliche Wirkung eines miniaturisierten Geruchssensors. Die Aussagen der Teilnehmenden konnten in Unterkategorien gebündelt und in fünf individuell bestehende Rahmenbedingungen und in vier Schlüsselkategorien bzw. formulierte Belastungsebenen strukturiert werden. Als Kernkategorie stellte sich die „Wirkung von Geruchssensorik"heraus (vgl. Abb. 1). In der Aufarbeitung werden die individuellen Rahmenbedingungen sowie die formulierten Belastungsphänomene und deren Unterkategorien in ein Beziehungsnetz zur Kernkategorie gesetzt. Dabei werden direkte, indirekte und wechselseitige Einflüsse dargestellt. Im Fokus steht dabei immer die Belastung durch Gerüche und die Wirkung von Geruchssensorik.

---

[6] Die Tabuisierung der Thematik Inkontinenz erschwert eine Akquise von Respondenten. Kontakte zu Betroffenen wurden über Selbsthilfestrukturen geknüpft. Es muss davon ausgegangen werden, dass die Interviewpartner tendenziell eher einen offenen Umgang bezüglich ihres Handicaps haben. Diese selektive Teilnahme kann dazu führen, dass die verbalisierten persönlichen Belastungen, bei Menschen mit Inkontinenz, welche sich nicht in Selbsthilfestrukturen bewegen, tendenziell eher stärker ausfallen.

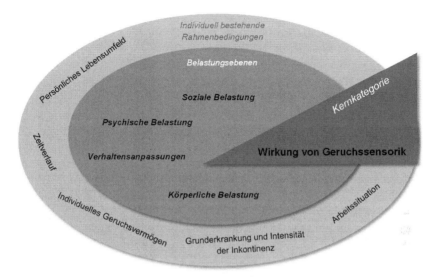

Abbildung 1: Wirkungsgefüge der Rahmenbedingungen, Achsenkategorien und der Kernkategorie „Wirkung von Geruchssensorik".

3 Individuell bestehende Rahmenbedingungen

Die Wirkung des Einsatzes miniaturisierter Geruchssensoren ist abhängig von den Ausprägungen der individuellen Rahmenbedingungen, die in Bezug zu Inkontinenzgerüchen bestehen, die bei inkontinenten Menschen vorliegen. Im Folgenden werden diese Zusammenhänge beschrieben und mit Zitatbeispielen belegt.

3.1 Persönliches Lebensumfeld

Das persönliche Umfeld von Menschen spielt für die Interviewten mehrheitlich eine wichtige Rolle. Enge Angehörige und vertraute Bezugspersonen werden in Hygienefragen häufig einbezogen. Vor allem die Betroffenen mit eingeschränkter Riechfunktion sehen sie als „neutrale Riechinstanz": *„Und da bin eigentlich für Hinweise auch meiner Partnerin gegenüber immer dankbar und sage, du musst mir das sagen, ich rieche das nicht so schnell"* (Betroffene Person 11, Stoma, Position 20). Das Vorhandensein

33

eines vertrauten Personenkreises (vor allem Lebenspartner(innen)) kann betroffenen Personen deutlich beim Auftreten von Ängsten vor möglichen Gerüchen oder unbemerkten Versorgungspannen, wie das Auslaufen von Vorlagen, entlasten und den Menschen Sicherheit für ihre Teilhabe am öffentlichen Leben geben. Respondent(inn)en, die in Single-Haushalten leben, formulierten dementsprechend, dass ihnen eine nahestehende Bezugsperson als „Rückversicherung" manchmal fehle. Von Seiten der medizinischen Fachkräfte wurde dies unterstrichen, aber auch darauf hingewiesen, dass dies in der Regel für bereits lange bestehende Partnerschaften und Freundschaften gelte. Betroffene Personen in Beziehungen zu neuen Lebenspartner(inne)n würden sich am Anfang einer Beziehung manchmal schämen und hätten Angst, z.B. durch unangenehme Gerüche aufzufallen. Gerade in der Anfangszeit nach Auftritt der Inkontinenzsymptomatik oder Anlage eines Stomas nutzt den Betroffenen der Kontakt zu Selbsthilfegruppen oder anderen Betroffenen. Der offene Umgang mit der eigenen Betroffenheit führt häufig dazu, durch Austausch und Rat die eigene Versorgung zu optimieren und von Erfahrungen anderer zu profitieren. Ein offener Umgang mit der eigenen Situation führt zu einer Stärkung der Selbstsicherheit der Betroffenen, so ein Vertreter der Selbsthilfe.

Wirkung eines miniaturisierten Geruchssensors: Menschen, die ohne engen familiären Hintergrund leben, haben ein höheres Interesse und sehen einen höheren persönlichen Nutzen durch eine technische Geruchsrückmeldung als Menschen, die in engen Bezugsnetzen mit Angehörigen leben.

3.2 Zeitverlauf

Die anfängliche Situation von Menschen mit beginnender Inkontinenz bzw. nach einer Stomaanlage unterscheidet sich in der Regel von einem späteren Befinden. *„Also am Anfang sind sie sehr empfindlich, weil sie es auch sichtbar am Bauch sehen, beim Stoma zu mindestens mal. D. h. man sieht es und schon setzt sich das im Kopf fest: Das sieht man, also muss es auch riechen"* (Medizinische Fachkraft, Person 5, Position 2). Die Respondent(inn)en, die schon über einen langen Zeitraum (über 10 Jahre) ein Stoma tragen, äußern rückblickend, dass sie, als die anfängliche Hygieneversorgung noch nicht routiniert war, häufiger Geruchsproblematiken hatten, bzw. der Umgang mit Gerüchen in der Anfangszeit bzw. nach der Operation emotional belastender war als nach einigen Jahren. *„Hm, ja ich lasse die nicht an mich rankommen…an den Anfängen war das schon ein biss-*

chen anders, man nimmt das nachher lockerer nach einer gewissen Zeit" (Betroffene Person 2, Stoma, Position 27).

Wirkung eines miniaturisierten Geruchssensors: Der Zeitverlauf wirkt auf das Interesse und die Zuschreibung einer gewinnbringenden Wirkung für die Betroffenen an einem miniaturisierten Geruchssensor. So wird zum einen bei Personen, die die Inkontinenzsymptomatik noch nicht lange haben, bzw. bei denen eine Stomaanlage noch nicht lange her ist, ein Bedarf gesehen und zum anderen bei Menschen, die sich über Jahre an spezifische Gerüche gewöhnt haben oder deren Geruchsvermögen abgenommen hat.

3.3 Individuelles Geruchsvermögen

Das physiologische Riechen von Menschen ist unterschiedlich gut ausgeprägt. Menschen können einen äußerst sensiblen Geruchssinn haben, der bereits kleine Konzentrationen an Duftstoffen wahrnimmt. Andere Menschen leiden unter Riechstörungen oder gar dem totalen Ausfall des Geruchssinns. Ursächlich für Riechstörungen sind u.a. virale Infektionen und Entzündungen, als auch Schädel-Hirn-Traumata oder eine Altersentwicklung.

Wirkung eines miniaturisierten Geruchssensors: Sowohl Menschen, die ein schwaches, als auch Menschen, die ein übersensibles Geruchsvermögen haben, signalisieren Bedarf an einer Rückmeldung des realen Geruchs. *„Ja ich denke halt mit der Zeit wird man vielleicht auch gewöhnt an Dinge und ja nimmt das gar nicht mehr so wahr oder hält es als selbstverständlich und ich denke man weiß ja nicht, wie das dann außen empfunden wird. So dass einfach das Empfinden wieder ein bisschen sensibler wird, ja dass man da wieder ein bisschen ein Gefühl kriegt dafür"* (Mobile Betroffene Person 2, Stoma, Position 43). *„Also für mich, denke ich würde es einfach die Sicherheit geben, ob es jetzt tatsächlich so ist oder ob ich mir das nur einbilde. Das wäre für mich persönlich denke ich ähm einfach gut... Wenn ich dann mal nicht sage, riech ich, riech ich, riech ich, dann mache ich ja andere vielleicht da eher noch da drauf aufmerksam..."* (Betroffene Person 1, Stoma, Position 38).

3.4 Grunderkrankung und Intensität der Inkontinenz

Die Inkontinenz an sich ist keine Krankheit, sondern eher ein Symptom mit vielfältigen möglichen Ursachen (Niederstadt und Gaber 2007: 7). Unterschiedliche Erkrankungen und Behinderungen können zu unterschiedlich starker Harn- und Stuhlinkontinenz oder zur Anlage eines Stomas führen. *„Also wir haben Patienten mit Harn- und Stuhlinkontinenz sämtlicher Ursache. Also von neurologischen Patienten, MS-Patienten, Querschnitt-Patienten, Parkinson-Patienten, Patienten ohne jegliche andere Grunderkrankung, die einfach eine Inkontinenz haben, Menschen nach Voroperationen, Kinder, Kinder mit neurologischen Grunderkrankungen. Also wir haben ein ganz buntes Bild. Das ist ja auch sehr, sehr differenziert, was alles zu Inkontinenz führen kann. Und eben diejenigen, die eben oft mit dieser Angst kommen und auch das mitteilen, dass das eben eines der Dinge ist, was ihre Lebensqualität beeinträchtigt, dass sie einfach immer so ein Angstgefühl haben, sie müssten riechen oder sie müssten sich verstecken oder sie müssten sich ständig umziehen. Das ist ganz unterschiedlich. Das sind Junge wie Alte, das sind Männer wie Frauen. Also da kann man gar keine Personengruppe oder Grunderkrankung ausmachen. Das ist ganz unterschiedlich, wie das empfunden wird"* (Medizinische Fachperson, Person 4, Position 7).

Wirkung eines miniaturisierten Geruchssensors: Personen mit den spezifischen Charakteristika der Inkontinenzbetroffenheit stehen einem potenziellen Sensor zur Erkennung von Gerüchen positiv und interessiert gegenüber. Bei einer reduzierten Wahrnehmungsfähigkeit von Gerüchen steigt das Interesse an technischer Unterstützung. Ebenso bei Personen, die den Austritt bzw. die Feuchtigkeit von Ausscheidungen selbst nicht spüren oder wahrnehmen können. Solange sich Menschen im Akutzustand einer zugrundeliegenden Primärerkrankung (z.B. Krebs) befinden, ist die Inkontinenz zwar belastend, allerdings besteht die emotionale psychische Belastung stärker durch die primäre Erkrankung. Der Umgang mit Gerüchen durch Inkontinenz spielt hier eher eine untergeordnete Rolle. Der zugeschriebene Nutzen einer Geruchssensorik ist somit auch in Abhängigkeit von der subjektiven Bedeutung der Inkontinenz zu sehen. Menschen, die einen hohen Leidensdruck durch eine Primärerkrankung haben, oder auch Menschen, die eine dauerhaft starke Stuhlinkontinenz und Probleme bei der Wahrnehmung von Gerüchen haben, signalisieren ein höheres Interesse als Menschen mit einer leichten Urininkontinenz.

3.5 Arbeitssituation

Die Art und Dauer der Berufstätigkeit von Menschen mit Inkontinenz oder Stoma sowie die Ausstattung der Arbeitsplätze mit Waschräumen und Toiletten ist höchst unterschiedlich.

Wirkung eines miniaturisierten Geruchssensors: Gerade am Arbeitsplatz ist den Respondent(inn)en wichtig, dass sie durch Ihre Symptomatik nicht auffallen. Das Interesse an einem technischen Absicherungssystem ist hier eindeutig gegeben.

4 Formulierte Belastungsebenen

Aus dem Datenmaterial konnten wichtige Kategorien mit Erklärungswert bezüglich der Belastungen durch Gerüche herausgearbeitet werden. Diese Kategorien ließen sich in Anlehnung an die Studie von Ahnis und Knoll 2008: „Subjektives Belastungserleben bei alten Menschen mit Inkontinenz – eine qualitative Analyse"[7] unter folgende vier Ebenen subsummieren: Körperliche Belastungen, Verhaltensanpassungen, psychische Belastungen und soziale Belastungen.

4.1 Körperliche Belastung – „Der Geruch beim Wechseln vom Beutel, das ist manchmal schon schlimm"[8]

Gerüche durch Austritt von Harn oder Stuhl

Durch den Austritt von Winden, Harn oder Stuhl und den Verbleib im Stomabeutel oder in der Vorlage können unangenehme Gerüche auftreten. *„Zeitweise ist das der Fall, dass ich den Urin eben rieche. Aber wie das kommen kann, das kann ich Ihnen nicht sagen"* (Mobiler Betroffener

---

[7] Zur Validierung der Kategorisierung wurde auf bereits bestehende Forschungsergebnisse im Themenfeld Inkontinenz und Belastungserleben zurückgegriffen. Die 2008 veröffentlichte qualitative Studie beschreibt allgemein, die infolge von „Inkontinenz" auftretenden Belastungen. Die erhobenen Belastungen werden den fünf Ebenen: körperliche Ebene, Verhaltensebene, ökonomische Ebene, psychische Ebene und soziale Ebene zugeordnet. Die in dieser Forschung erhobenen Daten, welche auf Gerüche und Technikeinsatz fokussiert sind, decken sich in den formulierten Belastungsebenen mit denen von Ahnis und Knoll.

[8] Quelle: Betroffene Person 12, Stoma, Position 46

Stoma Person 8, Position 13). *„Also Urin riecht man nicht, weil die Geruchsabsorber in dieser Vorlage sind. Aber wenn Winde abgehen und Stuhlgang, dünnflüssiger, das riecht man natürlich trotzdem"* (Betroffene Person 1, Inkontinenz, Position 26).

Veränderungen der Geruchswahrnehmung

Das physiologische Riechen von Inkontinenz durch betroffene Personen kann von dem realen „Geruchsbild", das Außenstehende wahrnehmen, abweichen (Vgl. Kapitel 3.3). Die Respondent(inn)en machen bezüglich ihrer Wahrnehmung von Gerüchen unterschiedliche Aussagen. So gibt ein Teil der Befragten an, dass sie ihre eigenen Gerüche deutlich später als z.B. ihre Vertrauenspersonen wahrnehmen (mögliche Ursachen: Geruchsadaption, Abnahme des Geruchsvermögens). Diese Problematik sehen medizinische Fachkräfte ebenfalls. *„Also ich bin der Überzeugung, dass die Patienten das zwar mal riechen, aber irgendwann auch nicht mehr wahrnehmen"* (Medizinische Fachkraft, Person 5, Position 12). Ein anderer Teil der Interviewten weist ausdrücklich darauf hin, dass sie stark sensibilisiert sind und Gerüche sehr schnell und früh wahrnehmen. Auch wird darauf hingewiesen, dass betroffene Personen teilweise aufgrund von psychischer Belastung unter einer übermäßigen Wahrnehmung des eigenen Geruchs leiden, der von dem „Geruchsbild" der Mitmenschen abweicht.

Wirkung eines miniaturisierten Geruchssensors: Je stärker die externe Geruchsentwicklung in Kombination mit Geruchswahrnehmungsstörungen ist, desto höher ist der Nutzen eines miniaturisierten Geruchssensors für betroffene Menschen. Eine Geruchssensorik kann die eingeschränkte Wahrnehmung realer Gerüche ausgleichen und so ein der Realität entsprechendes Geruchsbild für die Betroffenen nachzeichnen. Neben den positiven Wirkungen wurde die Entstehung durch Strahlung aufgrund der Datensendung zwischen Sensor und Smartphone und deren Wirkung auf den Körper kritisch angemerkt.

4.2 Situationsspezifische Verhaltensanpassungen – „Ich achte ganz penibel auf den Wechsel der Einlage"[9]

Gesteigerte Hygiene

Ein Teil der Betroffenen berichtet, dass sie deutlich häufiger als vor der Inkontinenz duschen und auch verstärkt parfümierte Pflegeprodukte oder auch Duftöle verwenden, um mögliche bestehende Gerüche zu reduzieren oder zu überdecken. Ebenso wechseln sie vorsorglich in regelmäßigen Rhythmen ihr Inkontinenzmaterial sowie die Körperbekleidung und reinigen häufig Einrichtungsgegenstände aus Textil.

Geeignete Planung

Emotionale Belastung entsteht häufig, so die Interviewten, aus Angst vor unangenehmen und unkontrollierten Situationen. Um dieses Risiko zu reduzieren, bereiten sich Menschen mit Inkontinenzsymptomatik häufig genau auf ihre Aktivitäten außerhalb des gewohnten Umfelds bzw. im öffentlichen Bereich vor. Dabei wurde genannt, dass man Darmmanagement macht oder sich über Toilettenstandorte informiert, Wechselhygieneartikel oder Kleidung mitnimmt und andere Vorbereitungen trifft.

Wirkung eines miniaturisierten Geruchssensors: Durch den Einsatz eines Geruchsensors kann eine zeit- und kostenintensive übersteigerte Hygiene-, Textil- und Raumpflege auf den tatsächlichen Bedarf reduziert werden, um ein geruchsneutrales Erscheinungsbild zu erreichen.

4.3 Psychische Belastungen – „Dieses Empfinden belastet mich insofern, dass ich immer das Gefühl habe, dass andere Leute dieses auch riechen, ... dass andere Leute sich dadurch belästigt fühlen."[10]

Ein Leben mit Inkontinenz belastet viele Betroffene psychisch. Im folgenden Abschnitt werden die am häufigsten genannten Belastungen dargestellt.

---

[9] Quelle: Betroffene Person 6, Inkontinenz, Position 66
[10] Quelle: Betroffene Person 6, Stoma, Position 31

Angst und Unsicherheit

Der unkontrollierte Abgang von Winden, Urin und Stuhlgang ist auch mit auftretenden Gerüchen verbunden. Vor allem im öffentlichen Bereich sind den Betroffenen diese Situationen äußerst unangenehm. Aus dem Risiko der unkontrollierten Geruchsentwicklung heraus bilden sich bei den Betroffenen oft Ängste, unangenehm aufzufallen und belasten die Betroffenen stark. *„Es ist völlig egal, ob es real einen Geruch gibt oder ob es die Angst, wenn Sie einmal eine Panne hatten mit Geruch, ob es da die Angst vor dem Geruch ist, die sie diese soziale Einschränkung auf sich nehmen lässt. Also das muss noch gar nicht real sein. Aber einmal eine Episode führt dann zu dieser Sorge und Angst, und die alleine lässt dann schon diese soziale Einschränkung quasi vonstattengehen"* (Medizinisches Fachpersonal 3, Position 6). *„Aber es ist so, man riecht das selbst, aber man hat immer die Hoffnung, dass der Nachbar das nicht merkt"* (Betroffene Person 11, Stoma, Position 44). Das Risiko einer Versorgungspanne wird von den meisten Betroffenen zwar nicht als sehr hoch angesehen, dennoch wird diese Situation deutlich als angstauslösend formuliert.

Angst vor negativen Reaktionen – Stigmatisierung

Sehr belastend ist auch die Angst vor Stigmatisierung von außenstehenden Menschen. Angst, dass andere Menschen sich aufgrund von Ekel zurückziehen, den Kontakt meiden oder sich aktiv ausgrenzen. *„Dieses Empfinden belastet mich insofern, dass ich immer das Gefühl habe, dass andere Leute dieses auch riechen, ... dass andere Leute sich dadurch belästigt fühlen. ... Das Umfeld praktisch Abstand nehmen würde ... mich belastet das persönlich dann auch, weil ich manche Tage wirklich ganz extrem diesen Geruch halt in der Nase habe. Und ganz schlimm ist es, wenn ich einen Beutel habe"* (Mobiler Betroffener, Person 6, Position 31). *„Also ich glaube, das ist dann eher die Reaktion da drauf, ... würde ich eher sagen, dass man mehr die Angst vor der Reaktion der anderen hat"* (Betroffene Person 1, Stoma, Position 19).

Angst vor Kontrollverlust

Das Erleben, Winde, Urin oder Stuhlgang nicht mehr selbst regulieren zu können ist für Betroffene eine große emotionale Belastung. Es führt bspw. zu Ängsten, die eigene Unabhängigkeit und Mobilität zu verlieren. „Die

Fähigkeit zur Blasenkontrolle wird in unserer Kultur als Meilenstein der kindlichen Entwicklung und als Indikator für die geistigen und sozialen Fähigkeiten einer Person angesehen. Wer inkontinent ist, gerät leicht in den Verdacht, in der geistigen Leistungsfähigkeit eingeschränkt zu sein und gilt schnell als problematisch im sozialen Umgang. Inkontinenzbetroffene leiden unter teilweise gravierenden psychosozialen Auswirkungen der fehlenden Blasenkontrolle" (Niederstadt und Gaber 2007: 7). Auch für die Betroffenen ist der Kontrollverlust eine psychische Belastung: *„Ich glaube, die größte Angst ist der Kontrollverlust an sich. Der Mensch neigt, glaube ich, in der Regel dazu, die Kontrolle behalten zu wollen. Also, so ein Kontrollverlust ist eine Sache, mit der man sich auseinandersetzen muss. Ja, letztendlich glaube ich schon, Spott ausgesetzt zu sein oder reduziert zu werden, ja, auf sowas, das ist, glaube ich, eine der größten Ängste. Die Geruchsangst mag da gleichbedeutend mitspielen. Aber es ist ein Gesamtkomplex. Ich glaube, das kann man nicht so einzeln betrachten* (Betroffene Person 4, Inkontinenz, Position 39).

Erleben von Scham

Betroffene Menschen schämen sich u. a. aufgrund von Gerüchen, Versorgungspannen und Kontrollverlust vor außenstehenden Personen.

Gefühle des Ekels

Auch entsteht bei manchen Betroffenen Ekel vor den eigenen Inkontinenzgerüchen und Ausscheidungen. *„Aber wenn Winde abgehen und Stuhlgang…und das macht schon ein Ekelgefühl…und schämt sich ein bissle und so"* (Betroffene Person 1, Inkontinenz, Position 26).

Tabuisierung

„Inkontinenz unterscheidet sich von anderen Gesundheitsstörungen insofern, dass es sich um ein stark tabuisiertes Leiden handelt, über das in der Öffentlichkeit faktisch kaum gesprochen wird" (Niederstadt und Gaber 2007: 7). Problematiken, die Ausscheidungen von Urin oder Stuhl betreffen, wie z.B. Inkontinenz oder künstliche Ausgänge, werden gesellschaftlich und auch von den Betroffenen nur sehr selten offen angesprochen oder diskutiert. Viele Betroffene neigen dazu, ihre Problematik alleine oder nur im

Austausch mit engen Bezugspersonen bzw. medizinischem Fachpersonal zu lösen. Dieser defensive Umgang führt dazu, kontinuierlich die eigene Problematik zu verbergen und immer dem Risiko ausgesetzt zu sein, enttarnt zu werden. Dies führt häufig dazu, dass Betroffene Ängste entwickeln und sich emotional belastet fühlen. „...*Inkontinenz wird tabuisiert von den Betroffenen. Der Gesellschaft ist das in der Regel vollkommen wurscht, muss man mal so sagen, und hat auch in der Regel großes Verständnis dafür. Also, so diese typische Vorstellung von Betroffenen, dass man irgendwie gemieden wird oder ausgegrenzt wird, die findet in der Praxis zu gut wie eigentlich gar nicht statt. Sondern die Betroffenen, die ziehen sich zurück. Und dadurch kommt es aber auch zu Fehlversorgung, weil Menschen nicht adäquat behandelt werden, weil Menschen nicht die adäquaten Hilfsmittel benutzen. Und dann es auch natürlich viel, viel stärker zu Gerüchen kommt, wenn Unterhosen, Hosen, Kleidung nass ist und das teilweise über Stunden, dann fängt das natürlich auch an zu riechen. Wäre man aber ordentlich versorgt bzw. würde man sich dem Arzt anvertrauen, könnten ja viele, viele Probleme gelöst sein*" (Betroffene Person 4, Inkontinenz, Position 35). Diese Handlungsstrategie des Tabuisierens ziehen viele Betroffene heran, um psychische Belastung zu reduzieren. Dies löst die Problematik entstehender Gerüche allerdings nicht, sondern verfestigt Ängste und führt zu sozialem Rückzug.

Wirkung eines miniaturisierten Geruchssensors: Die psychische Belastung spielt eine große Rolle hinsichtlich des sinnhaften Einsatzes eines Geruchssensors. Das eigene Geruchsbild nicht realistisch einschätzen zu können belastet die betroffenen Personen teilweise stark. Sie entwickeln Angst negativ aufzufallen und Angst vor Stigmatisierung. Über eine neutrale Geruchskontrolle können Menschen Selbstsicherheit zurückgewinnen. Je größer die Angst, durch Geruch oder auch durch (selbst nicht bemerkte) Versorgungspannen aufzufallen, desto stärker kann der vom Sensor ausgehende Nutzen für die betroffene Person sein. Über diese technische Instanz kann der Nutzende ein Stück Selbstkontrolle zurückgewinnen. Neben den Zuschreibungen von Chancen wurden ebenso riskante Wirkungen bei der Nutzung eines Geruchssensors thematisiert. Beispielsweise können häufige Meldungen, dass Gerüche bestehen, die eigene psychische Stabilität der Betroffenen gefährden. „*Also ich wäre dann dauernd am Gucken vielleicht, unwillkürlich geht das denn, könnte ich mir vorstellen, dass man sich wieder fixiert, guckt dauernd aufs Handy, ist da jetzt was. Jetzt war es eigentlich schon alles so selbstverständlich verstehen Sie? ...dass was nicht stimmt* *oder so, versehen Sie, dass es dann wieder schlimmer an die Situation erinnert, die eigentlich ist, die man ja schon akzeptiert hat, so ungefähr meine ich das"* (Betroffene Person 2, Stoma, Position 105). *„Die einzige Befürchtung wäre, wenn der wirklich sagen würde du stinkst. ... dass es sich dann bestätigt, meine ganzen Ängste, meine Vermutungen"* (Betroffene Person 6, Stoma, Position 70). Auch wurde kritisch angemerkt, dass die Möglichkeit der eigenen Geruchskontrolle zu einem dauerhaften Bedürfnis führen kann, den eigenen Geruch zu überprüfen. Betroffene wiesen darauf hin, dass ein Risiko der Abhängigkeit besteht. *„Kann ich was abschalten, kann ich das wirklich von mir auch trennen und sagen, ja jetzt heute lasse ich das Gerät jetzt auch mal aus vielleicht oder setze ich mich da selber unter Druck und habe dann das Gefühl ich muss mich selbst kontrollieren"* (Betroffene Person 2, Stoma, Position 133). Bei der anfänglichen Nutzung eines Sensors ist es wichtig, die Nutzenden offen über mögliche Risiken aufzuklären und in der ersten Nutzungsphase zu begleiten. Dies sehen auch fachliche Inkontinenz- und Stomaberatungen als Voraussetzung für eine positive Wirkung. Sie weisen auf die Sensibilität der Thematik und den Bedarf der begleiteten Einführung der Technik hin. In einem mobil einsetzbaren und miniaturisierten Geruchssensor sehen sie bei guter Einweisung, trotz der Risiken, eine Chance auf den Gewinn an Selbstsicherheit für die Betroffenen.

4.4 Soziale Belastung – „Blasenschwäche bringt Sie nicht um, sie nimmt Ihnen nur das Leben"[11]

Inkontinenz und die dadurch entstehenden Belastungen wirken sich auch auf die Ebene der sozialen Kontakte und der Teilhabe am gesellschaftlichen Leben aus. Die Mehrheit der Betroffenen versucht ihre Alltagsgestaltung so aktiv wie möglich zu gestalten und so wenig wie möglich von ihrem Handicap abhängig zu machen. Eine Mehrheit der Teilnehmenden räumt jedoch ein, dass sie sich, vor allem im Kontakt oder bei Unternehmungen mit anderen Personen im öffentlichen Raum zeitweilig eingeschränkt sehen. *„...dass sie einfach sich sozial sehr einschränken, Außenkontakte meiden und ganz viel zu Hause bleiben bzw. einschränken. Beispielsweise ein Patient hat gesagt: "Ich bin nur noch im Umkreis von 10 m in der Nähe einer Toilette unterwegs." Da kann man sich ungefähr vorstellen, wie stark diese*

---

[9] Dieses Zitat stammt ursprünglich von der Gynäkologin Jeanette Brown und wurde von einer Interviewten rezitiert: Medizinische Fachkraft, Person 2, Position 6.

soziale Einschränkung, die sich die Leute dann oft selber auferlegen, wie stark die ist" (Medizinische Fachkraft, Person 2, Position 5).

Rückzug aus sozialen Beziehungen

Vor dem Hintergrund psychischer Belastungen ziehen sich Betroffene häufig in der Anfangszeit zurück. Freundschaften oder Bekanntschaften werden auf einen vertrauten Personenkreis reduziert. Einige Betroffene berichten, dass ihnen eine Aufnahme neuer Kontakte schwerfällt. *„Ich hab meine zwei Freundinnen, die wissen was bei mir so los ist. Sonst bin ich eigentlich mit niemandem so eng. Das ist mir lieber so."* (Betroffene Person 5, Stoma, Position 41). *„Ich bin ja neu nach X gezogen. Wegen der Arbeit. Ich kenn hier eigentlich noch niemand richtig gut. Über die Selbsthilfe hab ich paar Kontakte zu anderen. Aber sonst nur alte Freunde von vor der Krankheit."* (Betroffene Person 6, Inkontinenz, Position 53).

Begrenzte soziale Aktivitäten

Betroffene berichten, dass ihre Teilhabe an früher alltäglichen Freizeitaktivitäten abgenommen habe. Zum einen liege das an dem erhöhten Vorbereitungs- und Planungsaufwand. Sie bedauern vor allem, dass Spontanität verloren gegangen sei. Zum anderen liege das auch an der Befürchtung, durch ständige Toilettengänge oder durch Gerüche in geschlossenen Räumen wie einem Restaurant, aufzufallen. So geben Personen an, dass sie die Nutzung öffentlicher Verkehrsmittel meiden, dass sie Theateraufführungen oder auch Kinobesuche umgehen, bei denen Sie mittig in Platzreihen sitzen. Auch äußern Betroffene, dass sie sportliche Aktivitäten nur noch sehr eingeschränkt durchführen könnten. Die Angst vor Urin- oder Stuhlverlust und auch die Angst sich zu verletzten sei zu belastend. *„Zu meinem Stammtisch geh ich jetzt nicht mehr. Das ist mir einfach zu eng aufeinander wie wir dasitzen. Und dann muss ich da immer mal raus und alle denken „schon wieder". Da bleib ich lieber daheim"* (Mobile Betroffene, Person 3, Inkontinenz, Position 28). *„Letztes Jahr waren wir mal wieder im Urlaub. Das war schon auch schön aber halt auch sehr anstrengend. Wenn du die Sprache nicht kennst und dann immer ne Toilette suchen musst unterwegs. Und dann auch die Wärme. Da riecht ja alles noch mehr, mein ich halt. ... so schnell machen wir das nicht mehr. Zu Hause kenn ich halt alles und hab auch alles was ich so brauch"* (Betroffene Person 5, Inkontinenz, Position 47). *„Die Teilhabe ist aus zwei Gründen reduziert. Einmal aus fehlenden*

Räumlichkeiten [Ergänzung der Autorin: wie z.b. behindertengerechte Toiletten], auf jeden Fall, zum anderen aber auch, weil Betroffene natürlich Veranstaltungen ganz oft dann auch meiden. Also der Konzertbesuch oder *der Kinobesuch, der wird dann gar nicht mehr wahrgenommen, was wiederum zu individuellem Rückzug führt"* (Betroffene Person 4, Inkontinenz, Position 45). Problematisch ist, dass Versorgungspannen im öffentlichen Raum häufig schwer zu beheben sind. So fehlt es oft an geeigneten Möglichkeiten, sich umzuziehen oder zu waschen. Vor allem Menschen mit Gehbehinderungen finden unterwegs nur schwer Möglichkeiten, sich im Sitzen oder Liegen umzukleiden. *„Das ist tatsächlich ein Problem. Also gerade, wenn die Immobilität zunimmt. Eine behindertengerechte Toilette ist ja noch lange nicht eine behindertengerechte Toilette für jemand, der beispielsweise eine Liege benötigt oder einen Lifter benötigt. Es gibt jetzt mittlerweile einige Städte, gerade München und Bayern tut sich da ein Stück weit hervor, die Toiletten für alle einrichten, wo eine Liege drin ist, ein Lifter drin ist. Und das ist natürlich ein großer Vorteil. Insgesamt, umso höher die Immobilität ist, umso schwieriger ist es natürlich in der Versorgung durch Dritte. Das ist ganz klar. Aber auch schon in der Versorgung für einen selbst"* (Betroffene Person 4, Inkontinenz, Position 43). Den privaten Raum (Wohnung oder auch soziales Leben unter sehr vertrauten Menschen) empfinden die meisten der Betroffenen als belastungsfreie Rückzugsmöglichkeit.

Wirkung eines miniaturisierten Geruchssensors: Soziale Einschränkungen aufgrund von möglichen Gerüchen können durch die Nutzung eines miniaturisierten Geruchssensors reduziert werden. Ängste der Betroffenen, ihre eigenen Gerüche selbst nicht zu bemerken, können zu Rückzug und Isolation am sozialen Leben führen. Ein miniaturisierter Geruchssensor kann betroffene Menschen diskret über den Austritt von Gerüchen in Kenntnis setzen. Sollten die Personen selbst die Gerüche nicht wahrnehmen können, kann dies ein enormer Gewinn an Selbstsicherheit bedeuten. Die Betroffenen können sich im öffentlichen Raum bewegen und haben, bei Geruchssignalisierung, die Chance durch Hygienemaßnahmen reagieren zu können. Über diese technische Unterstützung können Betroffene hinsichtlich der Sicherung sozialer Kontakte und Aktivitäten unterstützt werden. Dennoch muss beachtet werden, dass es sich um ein sehr sensibles Thema handelt. Ein Alarm in Situationen, in denen keine hygienische Versorgung möglich ist, wird kritisch hinterfragt. Denn in solchen Situationen kann die Kenntnis über den eigenen Geruch sehr negativ auf die soziale Partizipation wirken. *„Ja das wird dann peinlich, dann kann man dann nur sagen, der Pianist gefällt mir überhaupt nicht, ich gehe. Aber normal reagieren kann man da nicht."* (Betroffene Person 9, Stoma, Position 79).

5 Schlussfolgerungen

Der Ansatz, menschliche Belastungen durch technische Hilfesysteme zu verringern und Personen durch bedarfsorientierte Entwicklungen in ihrem Alltag zu unterstützen, ist sinnvoll. Inkontinenz und ihre Folgen sind für betroffene Menschen belastend. U.a. leiden viele Menschen psychisch und sozial unter den entstehenden Gerüchen und der daraus folgenden Unsicherheit über ihr persönliches Geruchsbild. Die empirischen Forschungsergebnisse weisen im Hinblick auf die formulierten Fragestellungen folgenden Erklärungswert auf:

Zu (1): Die fünf herausgearbeiteten, individuell bestehenden Rahmenbedingungen sind durch Technikeinsatz nicht veränderbar, sondern bestehende Einflüsse im Leben von betroffenen Menschen. Sie wirken je nach ihrer Ausprägung in unterschiedlichem Maß direkt oder indirekt auf die Selbstsicherheit bezüglich des eigenen Geruchsbildes von Menschen mit Inkontinenzsymptomatik. So kann das persönliche Lebensumfeld betroffene Menschen durch neutrale Rückmeldungen bezüglich bestehender Gerüche unterstützen. Fehlende oder demotivierende Kontakte können aber ebenso die Selbstsicherheit reduzieren. Der Zeitverlauf führt häufig dazu, Selbstsicherheit, auch bezüglich des eigenen Erscheinens, zurückzugewinnen. Das individuelle Geruchsvermögen des Riechapparates kann Sicherheit geben, aber auch nehmen. Die Grunderkrankung und Intensität der Inkontinenz können Selbstsicherheit schwächen oder sie nicht berühren. Eine positive, ermutigende Arbeitssituation kann die Selbstsicherheit fördern, eine negative, entmutigende Arbeitssituation kann die Selbstsicherheit schwächen. Die in vier Ebenen formulierten Belastungen bedingen die Selbstsicherheit von betroffenen Personen. Mit deren Ausprägungen geht eine gestärkte oder eine geschwächte Selbstsicherheit einher.

Zu (2): Die Ausprägung sozialer Partizipation von Menschen wird in diesem Forschungsvorhaben unter der Auswirkung von Inkontinenz und damit einhergehender Geruchsentwicklung analysiert. Aus der Erhebung wird deutlich, dass eine reduzierte soziale Partizipation mit hohen psychischen Belastungen wie z.b. Ängsten vor Gerüchen oder Versorgungspannen einhergeht. Die Einflussfaktoren überschneiden sich mit dem unter (1) beschriebenen Wirkungsgefüge. Die Chance auf soziale Partizipation steigt mit der Selbstsicherheit bzw. der Reduktion psychischer Belastungen der Betroffenen. Über die emotionalen Belastungen hinaus gilt anzusprechen, dass strukturelle Probleme wie das Fehlen von geeigneten Räumlichkeiten, um aufwändigere Hygienemaßnahmen durchzuführen, ebenso verhindernd auf soziale Partizipation wirken.

Zu (3): Die Frage, welche Wirkung die Nutzung eines miniaturisierten Geruchssensors auf die Selbstsicherheit und soziale Partizipation haben kann, ist natürlich nicht in konkreten Zahlen messbar. Allerdings wird durch die empirischen Ergebnisse deutlich, dass ein Teil der formulierten Belastungsphänomene eindeutig in Zusammenhang mit Gerüchen durch Urin- und Stuhlinkontinenz und der Tatsache, dass Betroffene die reale Geruchsentwicklung, aufgrund einer Anosmie, Geruchsadaption, Geruchshabituation oder sonstiger Geruchsstörung bzw. der übermäßigen Wahrnehmung von Gerüchen, nicht sicher deuten können. Die Messung der tatsächlichen Gerüche durch ein technisches Gerät könnte den Betroffenen zu jeder Zeit an jedem Ort ein diskretes persönliches reales Feedback geben. Vor dem Hintergrund dieser Rückmeldung können die Personen den Handlungsbedarf selbst steuern. Die Technik spiegelt die Realität bei Bedarf wieder und Reduziert so die Ungewissheit der Betroffenen über ihr tatsächliches Geruchsbild. Die Erfassung und Signalisierung eigener Körpergerüche nach Urin oder Stuhlgang sind sensible Themen. Es muss darauf hingewiesen werden, dass eine rein technische Rückmeldung von den Nutzenden interpretiert wird und die Folgen einer Rückmeldung über das eigene Geruchsbild auch für manche Betroffene belastend sein können (vgl. psychische Belastungen). Daher muss bei einer etwaigen Markteinführung eines miniaturisierten Geruchssensors eine Aufklärung diesbezüglich erfolgen.

6   Literaturverzeichnis

Ahnis, A. & Knoll, N. (2008): Subjektives Belastungserleben bei alten Menschen mit Inkontinenz – eine qualitative Analyse. In: Zeitschrift für Gerontologie und Geriatrie, 41(4), 251-260

Altenburger, D. (2007): Leitfaden: Medizinische Fakten zur Beurteilung von Geruchsimmissionen. Online verfügbar unter http://www.ooe-umweltanwaltschaft.at/Mediendateien/Vortrag_Hutter.pdf (letzter Zugriff am 01.10.2017)

Bundesverband Medizintechnologie (2015): Inkontinenz in Deutschland, Zahlen, Daten, Fakten. Online verfügbar unter www.bvmed.de/de/versorgung/hilfsmittel/hilfsmittel-aufsaugende-inkontinenz/inkontinenz-in-deutschland-zahlen-daten-fakten (letzter Zugriff am 01.10.2017)

Deutsche Kontinenz Gesellschaft e.V. (o.J.): Harn-Inkontinenz. Online verfügbar unter http://www.kontinenz-gesellschaft.de/Harn-Inkontinenz.28.0.html (letzter Zugriff am 01.10.2017)

Glaser, B. & Strauss, A. (2010): Grounded Theory. Strategien qualitativer Forschung. 3. Auflage. Bern: Huber Verlag

Gläser, J. & Laudel, G. (2006): Experteninterviews und qualitative Inhaltsanalyse. 2. Auflage. Wiesbaden: VS Verlag

Hopf, C. (2010): Qualitative Interviews - Ein Überblick. In: Flick, U., v. Kardoff, E. & Steinke, I. (Hrsg.) 2010: Qualitative Forschung. Ein Handbuch. 5. Auflage. Reinbek: Rowohlt Taschenbuch Verlag, 349-360

Kuckartz, U. (2010): Einführung in die computergestützte Analyse qualitativer Daten. 3., aktualisierte Auflage. Wiesbaden: VS Verlag

Niederstadt, C. und Gaber, E. (2007): Gesundheitsberichterstattung des Bundes – Heft 39: Harninkontinenz. Herausgeber: Robert Koch-Institut. Berlin

Schmidt, N. (2013): Neuropsychologische und strukturelle Korrelate der Riechleistung bei Patienten mit Morbus Parkinson. Christian-Albrechts-Universität zu Kiel

Strauss, A. & Corbin, J. (1996): Grounded Theory. Grundlagen qualitativer Sozialforschung. Weinheim: Beltz Verlag

Strübing, J. (2004): Grounded Theory. Zur sozialtheoretischen und epistemologischen Fundierung des Verfahrens der empirisch begründeten Theoriebildung. Wiesbaden: VS Verlag

Teil II

Teil 2 stellt ausgewählte Forschungsergebnisse zu technischen Aspekten und technischen Grundlagen für Assistenzsysteme vor. Die Beiträge beschreiben mikrosystemtechnische Ansätze für eine Geruchssensorik und eine IT-Architektur zum Schutz der Privatsphäre in vernetzten Heimumgebungen im AAL-Kontext.

Mikrosystemtechnische Geruchssensorik und ihre Anwendungen in AAL

*Dirk Benyoucef[a], Vera Kallfaß[c], Andras Kovacs[b], Ulrich Mescheder[b] &
Stefan Palzer[d]*

[a] Institut Smart System (ISS), Hochschule Furtwangen
[b] Institut für Mikrosystemtechnik (iMST), Hochschule Furtwangen
[c] Steinbeis-Zentren Sozialplanung, Qualifizierung und Innovation
[d] Institut für Mikrosystemtechnik (IMTEK), Universität Freiburg

In diesem Teilprojekt ging es um die Frage, ob es für die aktuelle Versorgungssituation von Menschen mit Inkontinenzsymptomatik ein technisches Unterstützungssystem gibt, mit dem einige mit Inkontinenz einhergehende Problematiken wie Einschränkungen bei sozialer Teilhabe und sozialen Kontakten vermieden oder zumindest reduziert werden können. Dazu wurde eine Geruchssensorik entwickelt, die auf die spezifischen Gerüche optimiert wurde, die bei Stuhl- und Urininkontinenz auftreten. Der mit Methoden der Mikrosystemtechnik entwickelte Sensor wurde in ein Gesamtsystem integriert, das bei Auftreten von spezifischen Gerüchen den/die Betroffene(n) selbst und gegebenenfalls auch pflegende Personen diskret informiert. Verschiedene Settings, in denen das Geruchssensorsystem eingesetzt werden kann, wurden untersucht und die Akzeptanz solcher technischer Hilfen bei Betroffenen und Pflegenden erfasst. In ausgewählten Settings wurden Feldtests durchgeführt. Für eine hochselektive Geruchssensorik wurde ein neues photoakustisches Prinzip entwickelt.

1   Einführung

1.1   Entwicklungshintergrund und Zielgruppen

Die pflegerischen und sozialwissenschaftlichen Aspekte dieses Teilprojekts wurden ausführlich im Kapitel *„Unterstützung von sozialer Partizipation inkontinenter Personen durch miniaturisierte Geruchssensorik"* in diesem Band behandelt und werden einführend noch einmal zusammengefasst. Das

Symptom „Inkontinenz" betrifft unterschiedliche Personengruppen jeden Alters: Aktive sich selbstversorgende Menschen, pflegerisch versorgte Menschen in häuslicher Umgebung sowie Menschen, die in stationären Pflegesettings leben[12]. Darüber hinaus ist ein Anteil von Menschen mit kognitivem Handicap von Inkontinenz betroffen. Die Belastungen für die Betroffenen selbst und auch für Angehörige oder pflegende Fachkräfte sind allgemein hoch. Neben dem erhöhten Pflege- und Hygieneaufwand sind es oft Ängste, in der Öffentlichkeit negativ aufzufallen oder stigmatisiert zu werden, die Betroffene wie auch Angehörige belasten. Auch die durch Ausscheidungen entstehende Gerüche sind für viele aktive Betroffene ein zentrales und emotional hochgradig belastendes Thema. Menschen, die am gesellschaftlichen Leben aktiv teilnehmen, fühlen sich oft wegen eines möglicherweise auffallenden Körpergeruchs verunsichert. Psychische Belastungen und eine Reduktion der sozialen Partizipation können Folge sein. Um Menschen mit Inkontinenzsymptomatik psychisch zu entlasten und deren Mut zur sozialen Partizipation zu stärken, aber auch die Pflegequalität zu sichern und pflegende Menschen zu entlasten, wurde ein technisches Unterstützungssystem entwickelt. Ein miniaturisierter und mobil einsetzbarer Geruchssensor soll Betroffene oder Pflegende, sobald spezifische Gase durch den Austritt von Stuhl oder Urin in der Raumluft gemessen werden, diskret z.B. über eine Nachricht auf dem Smartphone über den bestehenden Hygienebedarf informieren.

Zu Entwicklung eines realitäts- und bedarfsorientierten Sensorsystems wurde zwischen Technik und Sozialwissenschaft eng inter- und transdisziplinär zusammengearbeitet. Innerhalb des Forschungs- und Entwicklungsprojekts waren ein iteratives Vorgehen sowie die Setting- und Nutzerorientierung durch frühzeitige und kontinuierliche Einbindung von betroffenen Menschen und deren Lebens- und Versorgungsumfeld und eine laufende empirische Überprüfung bzw. Evaluation wichtige Prinzipien des Vorgehens. Im Fokus standen dabei drei betroffene Gruppen:

1) Sich selbstversorgende Menschen mit Inkontinenzsymptomatik unterschiedlicher Ursache, mit und ohne künstlichem Darm- oder Blasenausgang (Stoma),

---

[12] 2010 stellten Saxer/Schmitz in einem Vortrag bei der Charité Berlin fest, dass nach einer Untersuchung von Schmitz et al. (2010) 70,2 % der Aufnahmefälle in Heimen harninkontinent und 39,3 % stuhlinkontinent waren.

2) Zu Hause gepflegte Menschen mit Inkontinenzsymptomatik (Schwerpunkte: Menschen mit Demenz),

3) Menschen mit kognitiver Behinderung in inklusiven Settings und Sondersettings (Fokus: Leben in Sondereinrichtungen, inklusiver und geschützter Arbeitsrahmen, Inklusive Schule und Sonderschule sowie Freizeit).

Sich wiederholende qualitative Befragungen der drei Betroffenengruppen ermöglichen neben einem breiten Einblick in die Lebens- und Bedarfssituation von betroffenen Menschen die Erhebung technischer Anforderungskriterien an das Sensorsystem seitens der Nutzenden. Eine regelmäßige Rückspiegelung des Entwicklungsstandes an die Nutzergruppen sowie eng begleitete Testeinsätze des Sensorsystems im Feld gewährleisten eine möglichst hohe Setting- und Nutzerorientierung.

1.2 Stand der Technik bei der Geruchssensorik

Die Reaktion von Prüfpersonen auf die, den Geruchssinn betreffende, Reize ist Gegenstand der Olfaktometrie und weist eine hohe Variabilität auf (Boeker et al 2007). Mit zunehmendem Alter nimmt zusätzlich der Geruchssinn ab, wie die Arbeitsgruppe Generation Research Program (GRP) Bad Tölz, einem Forschungsinstitut der Universität München, festgestellt hat (Pschierer 2005). Hierbei wurden über 1000 ältere Menschen befragt. Die Studie betont die hohe Bedeutung, die Ältere selbst dem Geruchs- und Geschmackssinn zuordnen, dass eine Verschlechterung des Riechens im Alter bei einer großen Gruppe wahrgenommen wird sowie die Sorge um Körper- und Mundgeruch bei alten Menschen. Hieraus leitet sich die Frage ab, inwiefern ein technisches System in Form eines Geruchssensors hier Abhilfe schaffen kann. Die komplette Nachbildung des Riechvermögens im Sinne einer künstlichen Nase („artificial nose") (Covington 2006; Frisk 2007) ist eine sehr komplexe Aufgabe, die bewusst in diesem Projekt nicht adressiert wurde. Es findet vielmehr eine Einschränkung auf die Detektion der mit Inkontinenz verbundenen spezifischen Geruchsträger statt. Bei Urin sind die signifikanten Geruchsgeber Ammoniak (NH_3) und Dimethylsulfid (C_2H_6S), beim Kot Indol (C_8H_7N), Skatol (C_9H_9N) und Schwefelwasserstoff (H_2S). Die Geruchsschwellenwerte für diese Gase sind in Tabelle 1 zusammengefasst (Powers 2004).

Gas / Dampf	Wahrnehmungs-schwelle, ppm	Erkennungsschwelle, ppm
Ammoniak (NH_3)	1,5	46,8
Dimethylsulfid (C_2H_6S)	0,001*	0,001
Indol (C_8H_7N)	k.A.	k.A.
Skatol (C_9H_9N)	0,223	0,47
Schwefelwasserstoff (H_2S)	0,00047*	0,0047

*Angaben beziehen sich auf die tierische Wahrnehmungsschwelle

Tabelle 1: Wahrnehmungs- und Erkennungsschwelle inkontinenzspezifischer Stoffe (Powers 2004).

Ein von der Universität Bonn entwickelter Sensor (OlfaSens) arbeitet mit Quarz-Mikrowaagen und ist aufgrund der Kosten von mehreren tausend Euro und der mangelnden Sensitivität für Schwefelwasserstoff nicht für die angedachten Einsatzszenarien geeignet. Auch die Produktreihe Artinos, basierend auf einer Entwicklung KAMINA des FZK/KIT (Lahrmann 2002) der Firma SYSCA, kann aufgrund der Baugröße, Kosten sowie der fehlenden Empfindlichkeit auf „bad odour gase" hier nicht zum Einsatz kommen. Seit ca. 2012 auf dem Markt erhältlich ist der so genannte „3S-OdorChecker" der Firma 3S GmbH. Dieses Tischgerät mit hochempfindlichen Metalloxidgassensoren wird zurzeit von der Universität Saarbrücken und 3S weiterentwickelt, um bspw. die Optimierung von Textilien in Bezug auf Schweißgeruch voranzutreiben, die gleichbleibende Aromatisierung von Lebensmitteln zu gewährleisten oder geruchsbelastete Verpackungen auszusortieren. Ziel der Entwicklung ist die objektive und reproduzierbare Beurteilung von Gerüchen, frei von Schnupfen oder Tagesform, die die heute noch üblichen kostspieligen Testreihen mit Versuchspersonen ablösen kann. Der Einsatz dieses Gerätes für einen mobilen tragbaren Einsatz ist aber aufgrund der Abmessungen nicht möglich. Neue Ansätze betreffen den Einsatz in Rettungsroboter, wobei es hier v.a. um Lokalisierung der Geruchsquellen geht (Moshayedi 2014).

2 Konzept Geruchssensorsystem

2.1 Sensorikansatz

Aufgrund der ökonomischen und anwenderspezifischen Rahmenbedingungen war die Auswahl an möglichen Basistechnologien zur Geruchserkennung auf kostengünstige und zugleich miniaturisierbare Ansätze beschränkt. Unter diesen Bedingungen zeichnen sich metalloxidbasierte, halbleitende Chemowiderstände durch ihre hohe Empfindlichkeit, Robustheit und vielfältigen Einsatzmöglichkeiten aus (Arshak et al. 2004). Der grundsätzliche Aufbau besteht im Wesentlichen aus einem Heizer zur Temperaturkontrolle und einer Elektrodenstruktur zur Bestimmung des elektrischen Widerstandes einer gasempfindlichen Metalloxidschicht. Alle Komponenten lassen sich in siliziumbasierter Mikrotechnik herstellen, womit eine skalierbare und potentiell massenmarkttaugliche Herstellung möglich ist. Zudem bietet sich die Möglichkeit, durch die Wahl der Metalloxidmaterialien die Selektivität des Sensorsystems auf spezifische Situationen einzustellen. Schlussendlich haben die Rahmenbedingungen der Endnutzenden zu einem Mikrochipdesign geführt, das zudem mit einem geringen Energieverbrauch betrieben werden kann. Um die verschiedenen gasempfindlichen Schichten auf der dünnen Membran abzuscheiden, wurde das Inkjet-Verfahren angewandt, da sich damit beliebige Metalloxidtinten hochpräzise auf den Elektrodenstrukturen abscheiden lassen. Hierfür wurde eigens eine Reihe von kolloidbasierten Nanopartikeltinten entwickelt, die auf die bei Inkontinenz zu erwartenden schwefelhaltigen chemischen Ver-

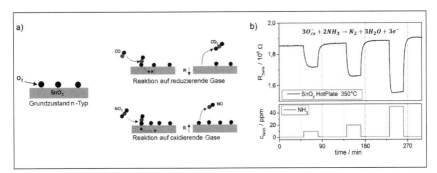

Abbildung 1: Schematische Darstellung des Gasnachweisprinzips: Reduzierende und oxidierende Gase ändern die Leitfähigkeit der Metalloxidschicht (a); Reaktion einer Zinndioxidschicht auf wenige part-per-million (ppm) Ammoniak bei einer Oberflächentemperatur von 350°C in trockener synthetischer Luft (b).

bindungen (s. Tabelle 1) hochempfindlich und selektiv reagieren können. In Abbildung 1 ist die Entstehung des Sensorsignals veranschaulicht: Durch die Wechselwirkung reaktiver Gase ändert sich der elektronische Zustand der funktionalen Schicht. In Abhängigkeit von der Art des Gases steigt oder fällt so der Widerstand, was mit Hilfe einer entsprechenden Elektronik gemessen werden kann.

2.2 Systemkonzept

Das Gesamtsystem besteht aus der Sensoreinheit, der Kommunikationsschnittstelle und einem Smartphone für die Datenanalyse, die Visualisierung und die externe Kommunikation. Die Bedarfserhebung hat ergeben, dass die Information über den Geruchszustand sowohl durch die Sensoreinheit als auch durch ein mobiles Endgerät angezeigt werden soll. Als

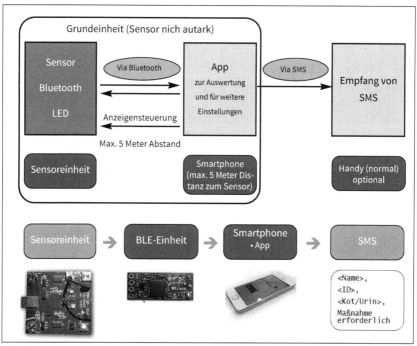

Abbildung 2: Datenübertragung und -Visualisierung. Die Kommunikation zwischen Sensoreinheit und Smartphone erfolgt mit der Bluetooth Low Energy (BLE)-Einheit.

Kommunikationsschnittstelle bietet sich Bluetooth Low Energy (BLE) an. Diese Technologie ist in aktuelle Smartphones integriert, wodurch eine flexible und für viele Menschen vertraute Art der Visualisierung ermöglicht wird. Über das Smartphone kann außerdem eine Warnmeldung mittels anderer Datendienste wie beispielsweise SMS an Pflegende weitergeleitet werden. Ein Überblick über das Systemkonzept gibt Abbildung 2.

3 Ergebnisse

3.1 Aufbau, Herstellung und Charakterisierung der Sensoren

Die Herstellung der Sensorchips erfolgt in zwei Schritten: Zunächst werden mikromechanische Sensorchips in Siliziumtechnologie hergestellt. In einem zweiten Schritt erfolgt dann die Abscheidung gasempfindlicher Metalloxidnanopartikel mit Hilfe des Inkjetverfahrens. Aufgrund des avisierten Batteriebetriebs des Systems wurde ein Chip mit reduziertem Energieverbrauch realisiert. Der Prozess ist in Abbildung 3 schematisch dargestellt. Dabei wird ein Großteil der thermischen Masse eines Standardsiliziumchips mit Hilfe einer Kombination aus nasschemischen und physikalischen Methoden entfernt. Hierbei können einzelne Punkte aus Metalloxid mit einer Genauigkeit von mehr als 50 μm erzeugt werden. Außerdem kann durch eine Wiederholung des Druckprozesses die Dicke der Schicht präzise eingestellt werden.

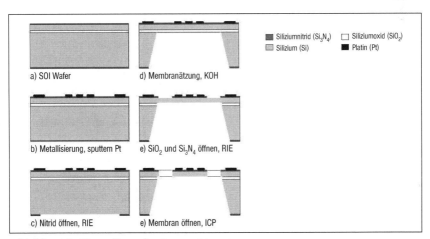

Abbildung 3: Herstellung der Sensorchips.

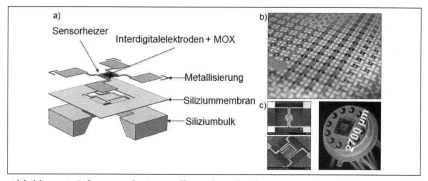

Abbildung 4: Schematische Darstellung des Chipdesigns (a); Herstellung tausender Chips durch Methoden der Mikrosystemtechnik (b); Elektronenmikroskopaufnahmen von fertig prozessierten Mikrochips (c).

In Abbildung 4 sind der Aufbau der fertig prozessierten Chips sowie einige exemplarische Photos dargestellt, um Funktionsweise und Systemgröße zu veranschaulichen. Die Sensorchips wurden vor Verwendung im System einer ausführlichen thermischen, mikromechanischen und gasempfindlichen Charakterisierung im Labor unterzogen.

Abbildung 5 zeigt das Aufheiz- und Abkühlverhalten und Messergebnisse zur Bestimmung der maximalen Modulationsgeschwindigkeit. Aufgrund der geringen thermischen Masse ist eine Temperaturmodulation mit einer Frequenz von bis zu 33 Hz möglich. Damit können mehrere virtuelle Sensorschichten realisiert werden, da die Sensorantwort einer Metalloxidschicht stark temperaturabhängig ist.

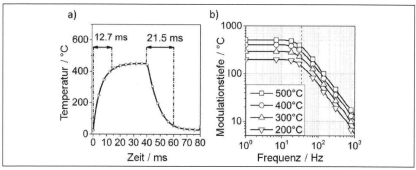

Abbildung 5: Zeitaufgelöstes thermisches Verhalten der Mikrogassensoren.

Der Energieverbrauch wurde gegenüber einer Standardlösung um beinahe das 50-fache reduziert. So wird bei Verwendung eines massiven Chipdesigns eine Heizleistung von 1500 mW benötigt, um eine Temperatur von 350°C zu erreichen. Mit Hilfe des Hotplatedesigns wird für die gleiche Temperatur nur eine Leistung von etwa 1 mW benötigt. Damit der Sensorchip als Bestandteil eines Geruchssensorsystems zuverlässig und langzeitstabil betrieben werden kann, ist die mechanische Stabilität der Sensormembran von entscheidender Bedeutung. Um die mechanischen Spannungen zu quantifizieren wurden die Mikrostrukturen mit einem Weißlichtinterferometer vermessen, das mit einer Höhenauslösung deutlich unter 1 µm das Profil vermessen kann. Es zeigt sich, dass bereits bei Raumtemperatur die Stege stark verbogen sind und bis zu 5 µm über den Rahmen hinausragen. Durch Aufheizen wird der mechanische Stress weiter erhöht, denn durch die thermische Ausdehnung der Struktur wird die Hotplate weiter über die Rahmenhöhe hinaus gedrückt. So befindet sich das Zentrum der Sensorschicht bei 500°C circa 10 µm über dem Rahmen. Trotz dieser Belastung bleibt die Struktur als Ganzes in Takt und es konnte auch in Langzeittests im Labor keine Materialermüdung festgestellt werden.

Bei der Sensoransteuerung wurde von der Möglichkeit der schnellen Modulierung der Schichttemperatur Gebrauch gemacht, um so virtuelle Sensorarrays zu realisieren. Beispielsweise können bei einer Abfragegeschwindigkeit von 1 Hz die gassensitive Reaktion von drei verschiedenen

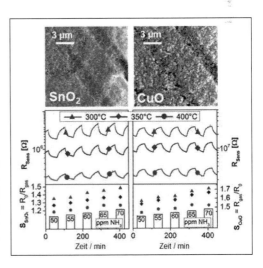

Abbildung 6: Gasempfindliche Charakterisierung zweier Metalloxidschichten bei jeweils 3 unterschiedlichen Temperaturen und verschiedenen Konzentrationen von Ammoniak in trockener synthetischer Luft.

Schichttemperaturen vermessen werden. Das Ergebnis für zwei per Inkjet-verfahren hergestellte gassensitive Schichten ist in Abbildung 6 gezeigt. Sowohl die Reaktionsgeschwindigkeit als auch die Empfindlichkeit einer Schicht sind temperaturabhängig, so dass diese zusätzlichen Informationen genutzt werden können, um Gerüche zu identifizieren.

3.2 Signalverarbeitung/Mustererkennung

Zur Bestimmung des elektrischen Widerstandes der Metalloxidschichten wurde die Time-To-Digital Methode gewählt, da so eine direkte Anbindung des Gassensors an den Mikrokontroller möglich ist. Dabei wird die Entladezeit eines R-C Glieds gemessen, wobei der Widerstand der zu messende Widerstand Rsens ist. Damit ist es möglich eine direkte Schnittstelle zwischen dem Mikrocontroller und der Sensorschicht zu schaffen, ohne AD/DC Wandler benutzen zu müssen. Über mehr als vier Größenordnungen kann der Widerstand der Metalloxidschichten zuverlässig bestimmt werden und damit eignet sich die realisierte Schnittstellt für eine Verwendung im Gesamtsystem gut. Diese Widerstandswerte sind also nun in digitaler Form für die Verwendung in einer Mustererkennung verfügbar. Der Algorithmus zur Geruchsbestimmung wurde aus Gründen der Komplexität auf dem Smartphone implementiert. Aufgrund der Querempfindlichkeiten der Geruchssensoren gegenüber Feuchtigkeit wurde zusätzlich ein

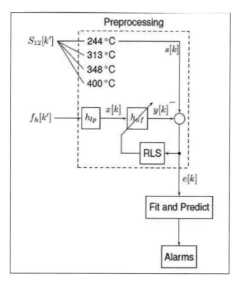

Abbildung 7: Übersicht des Geruchserkennungsalgorithmus bestehend aus der Kompensation der Luftfeuchtigkeit und der Fit und Prädiktion des Geruchs.

Feuchtesensor in der Sensoreinheit vorgesehen. Um Querempfindlichkeiten zur Luftfeuchte zu eliminieren, wurden die Sensorsignale der Luftfeuchtigkeit zunächst mittels IIR-Tiefpass gefiltert. Anschließend werden diese mittels eines adaptiven RLS FIR-Filter von den Nutzsignalen S abgezogen. Im Anschluss wird mittels der "Fit and Predict"-Stufe eine Prädiktion des eingeschwungenen Zustands durchgeführt, um möglichst frühzeitig eine Entscheidung über den Geruchszustand zu ermöglichen. Eine Übersicht ist in Abbildung 7 gegeben.

3.3   Packaging

Zur Untersuchung der Akzeptanz ist bei Befragungen und bei Feldversuchen wichtig – in Bezug auf Aussehen, Größe und Haptik – bereits in der Erprobung produktähnliche Muster zu verwenden. Hier wurden in den letzten Jahren durch den 3D-Druck neue Möglichkeiten geschaffen, die auch in diesem Projekt genutzt wurden. Das verwendete Rapid Prototypingverfahren war MultiJet Modeling (MJM), das verwendete Plastikmaterial Visi Jet EX200. Das MJM-Verfahren erlaubt 3-D Rapid Prototyping selbst komplexerer Strukturen mit einer Auflösung von bis zu 30 µm. Da ein vollständig lichtdichtes Gehäuse und eine chemisch widerstandsfähige Oberfläche gewünscht wurden, wurde ein schwarzer Acryllack verwendet. Das so gefertigte Gehäuse ist in Abbildung 8 gezeigt. Eine weitere Funktion des Acryllacks ist die Reduktion von Ausgasungen aus dem Gehäusematerial. Verschiedene Recherchen und Untersuchungen haben gezeigt, dass Ausgasen bei Materialien, die für Rapid Prototyping geeignet sind, ein Problem für die Anwendung in einem Geruchssensorsystem darstellen, da

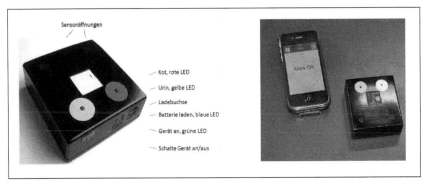

Abbildung 8: Prototyp der Sensoreinheit.

damit ein störender zeitabhängiger Geruchshintergrund generiert wird. Ein für diese Anwendung sehr interessantes Rapid Prototyping-Material ist FotoMed LED.A, das z.b. mit der LED Technologie (SLT) verarbeitet werden kann und als biokompatibles Material die Anforderungen an Medizinprodukte erfüllt. Da es allerdings transparent ist und daher weitere Beschichtungen erfordert, die diesen Vorteil wieder aufheben, haben wir bei den ersten Prototypen auf die Verwendung von FotoMed LED.A verzichtet.

3.4 Innovative Ansätze selektiver Geruchssensorik

Eine technologische Alternative zu Metalloxidsensoren für den kostengünstigen Nachweis von Gasen bietet die Photoakustik, die bereits seit dem 19. Jahrhundert untersucht wird. 1938 meldeten E. Lehrer und K. F. Luft einen „Ultrarot-Absorptionsschreiber (URAS)" zum Patent an. Damit war es möglich, geringe Konzentrationen von 600 ppm Kohlenstoffmonoxid nachzuweisen. Das Prinzip des URAS beruhte auf der 1880 von Bell entdeckten Photoakustik. Photoakustische Methoden sind vor allem für Moleküle mit starker Absorption im mittleren Infrarotspektrum, wie z.b. CO_2 und CH_4, interessant. Das Prinzip der photoakustischen Detektion von Gasen beruht ebenso wie andere spektroskopische Verfahren auf der Absorption von elektromagnetischer Strahlung durch das Zielgas. Allerdings wird im Gegensatz zu den anderen Methoden nicht die Lichtintensität direkt als Messgröße verwendet. Die Lichtenergie, die vom Zielgas absorbiert wird, wird durch stoßinduzierte, nicht-strahlende Übergänge in Wärme umgewandelt. Dies hat eine lokale Erhöhung der Temperatur zur Folge, wodurch das Gas expandiert. Wird nun der Energieeintrag, d.h. die Lichtquelle, moduliert, entstehen Schallwellen, die sich mit einem Mikrophon detektieren lassen

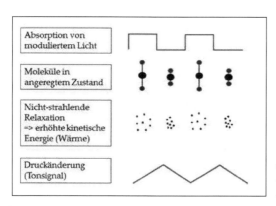

Abbildung 9: Schematische Darstellung des photoakustischen Messprinzips.

(daher „photoakustisches" Prinzip). In Abbildung 9 ist das Funktionsprinzip schematisch dargestellt. Auch wenn das Prinzip bereits über 100 Jahre alt ist, so besteht hier dennoch ein großes und bisher ungenutztes Potential, da neue Technologien der Mikrosystemtechnik eine Miniaturisierung sowohl der photoakustischen Detektoren als auch der Lichtquellenmodulation erlauben.

Mit Hilfe von neuartigen spektralen MIR- (Mid Infra Red) Filtern lassen sich beispielsweise auch spektral breitbandige thermische Lichtquellen für photoakustische Gassensorik nutzen. Die MIR-Filterschichten bestehen aus porösen Multischichten, die elektrochemisch als λ/4- oder λ/2- optische Schichten in der Oberfläche von kristallinem Silizium mittels des sogenannten Anodisierens ausgebildet wurden, um ein gewünschtes Reflexionsspektrum im MIR-Bereich zu erreichen. Die Größe der Poren liegt dabei bei einigen Nanometern, die Porosität zwischen 60 und 80%. Das Durchstimmen dieser MIR Filter kann durch eine Kombination von Verkippung der Filter gegenüber dem auf den Filter treffenden Licht mittels eines integrierten mikro-mechanischen Aktors und einer Befüllung der Poren der aus porösem Silizium bestehenden Multischichtstruktur erreicht werden. Die schnelle Verkippung des MIR Filters im kHz-Bereich verursacht eine Blauverschiebung mit Peaklagensteuerung von $\Delta\lambda / \lambda \leq 15$ %, während die langsamere Porenfüllung im ms/s-Bereich eine Rotverschiebung verursacht mit einer Sensitivität von 229,4 nm/RIU[13]. Im Rahmen des Projekts wurden optische Filter im MIR Bereich hergestellt (Abb. 10, links) und charakterisiert (Abb. 10, rechts).

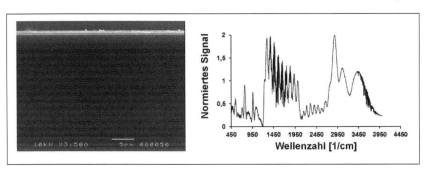

Abbildung 10: (links) SEM Querschnittbild der hergestellten Filter im MIR Bereich, (rechts) FTIR-Spektrum des MIR-Filters.

---

[13] RIU: Refractive Index Unit, also pro Änderung des Brechungsindex des die Poren füllenden Mediums um 1,0.

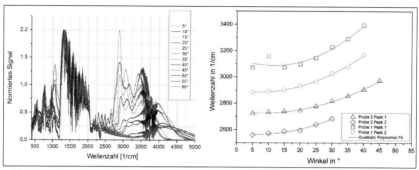

Abbildung 11: (links) FTIR Spektra unter verschiedenen Reflexionswinkeln, (rechts) gemessene Änderung der Peaklage des MIR-Filters als Funktion des Kippwinkels.

Funktionstests des innovativen Sensorikansatzes

Die Durchstimmbarkeit der Filter im MIR-Bereich wurde anhand der Winkelabhängigkeit des Reflektionsspektrums der Filter nachgewiesen. In Abbildung 11 links ist das Ergebnis einer Fourier-Transformations-Infrarotspektrometer-Analyse eines Filters und rechts die daraus abgeleitete Peaklage der MIR Filter als Funktion des Kippwinkels gezeigt. Die Messergebnisse zeigen, dass sowohl der große erste Reflexionspeak (bei Wellenzahlen um 2900 cm^{-1}) als auch der Nebenpeak (2. Peak) bei rund 3500 cm^{-1} nutzbar ist. Die Durchstimmbarkeit entspricht früheren Ergebnissen im sichtbaren Spektralbereich (Kovacs 2015).

Im Rahmen des Projekts wurde eine abstimmbare MIR-Lichtquelle mit neuartigem spektralen Filter und elektronisch geregelter Kippwinkelsteuerung entwickelt (Abb. 12).

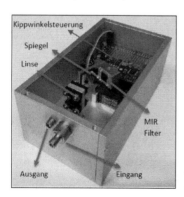

Abbildung 12: Abstimmbare Lichtquelle mit Kippwinkelsteuerung.

4   Bewertung und Ausblick

Mit Hilfe der Mikrosystemtechnologie wurde eine, auch für den mobilen Einsatz geeignete, Geruchssensorik zur Erkennung von inkontinenzspezifischen Gerüchen auf Basis von Metalloxid-Sensorik entwickelt. Durch einen sogenannten Hotplate-Ansatz und eine Optimierung mittels Finite-Elemente-Methoden konnte der Energieverbrauch des bei relativ hohen Temperaturen zu betreibenden Sensorsystems soweit reduziert werden, dass ein mehrstündiger Einsatz mit einem System, das in Baugröße und Gewicht einem Smartphone entspricht, möglich ist. Die Platzierung der geruchssensitiven Metalloxidschichten auf einer Hotplate ermöglicht darüber hinaus die Realisierung eines „virtuellen Sensorarrays" durch Messung bei unterschiedlichen Temperaturen („fingerprint"), wodurch die erforderliche Selektivität des Sensorsystems erreicht wird.

Die Empfindlichkeit des Geruchssensors ermöglicht es den an Inkontinenz leidenden Menschen, das System sowohl direkt am Körper zu tragen wie auch in einer gewissen Entfernung (z.B. auf dem Nachttisch). Aufgrund ernährungsphysiologischer Abhängigkeiten des Geruchs von Urin und Kot sowie unterschiedlicher „Geruchshintergründe" sind adaptive Algorithmen für die Mustererkennung erforderlich, um ein angemessenes Gleichgewicht zwischen Erkennung relevanter inkontinenzspezifischer Ereignisse und Vermeidung von Fehlalarmierung zu erreichen. Das Gesamtsystem besteht aus dem eigentlichen Sensor mit LED-Anzeigen für den Betroffenen selbst und einem Smartphone, auf dem über eine App die Kommunikation mit dem Sensorsystem realisiert wird und gegebenenfalls betroffene Menschen sowie helfende Personen per SMS über Inkontinenz bedingte Gerüche informiert werden können. Die Funktion dieses Sensorsystems wurde an inkontinenzspezifischen Gerüchen nachgewiesen.

Zur Erhöhung der Selektivität wurden erfolgreich grundlegende Untersuchungen für einen sehr selektiven photoakustischen Geruchssensor durchgeführt, bei dem neuartige, im MIR-Bereich (mittleres Infrarotbereich) durchstimmbare optische Filter in Verbindung mit einem photoakustischen Messmodus zur gezielten Detektion der geruchstragenden Moleküle verwendet werden. Damit ist die Basis für die zukünftige Entwicklung miniaturisierter und hochselektiver Geruchssensoren nach dem photoakustischen Prinzip gelegt. Durch die sozialwissenschaftlichen Erhebungen bei einem breiten Spektrum an Betroffenen wurde deutlich, dass ein mobil einsetzbarer Geruchssensor bei sich selbst versorgenden aktiven Menschen, die unter Gerüchen durch Inkontinenz und einer schwachen Riechleistung leiden, gewinnbringend eingesetzt werden kann. Auch im häuslichen Umfeld, bei beispielsweise der Pflege von Menschen mit Demenz, könnte ein Geruchssensor eine Entlastung bewirken. Die Erhebungen bei Menschen mit kognitiver Behinderung wiesen settingspezifisch große Unterscheide auf. In Sondereinrichtungen ist die Inkontinenzversorgung von Betroffenen Teil der professionellen Rolle. Die Belastung durch Gerüche wird bei den Betroffenen wie auch bei den Betreuern als nicht ausgeprägt beschrieben. In inklusiven Settings dagegen spielen Inkontinenz und Gerüche eine wichtige Rolle. Hierzu werden derzeit noch Auswertungen zur Akzeptanz und Wirkung eines Geruchssensorsystems vorgenommen.

5   Literaturverzeichnis

Boeker, P. & Haas, T. (2007): Die Messunsicherheit der Olfaktometrie. In: Gefahrstoffe – Reinhaltung der Luft, Band 67(7-8), 331–340

Covington, J.A., Gardner, J.W., Hamilton, A., Pearce, T.C. & Tan, S.L. (2006): Towards a truly biomimetic olfactory microsystem: An artificial olfactory mucosa, MEMS Sensors and Actuators, 102-112

Frisk. T., Eng, L., Guo, S., van der Wijngaart, W. & Stemme, S. (2007): A miniaturised integrated QCM-based electronic nose microsystem, Micro Electro Mechanical Systems, MEMS,Inter. Conf., 417-420

Kovacs, A., Ivanov, A., Mescheder, U. (2015): Tunable Narrow Band Porous Photonic Crystals for MOEMS Based Scanning Systems. Procedia Engineering 12/2015; 120:811-815. ISSN 1877-7058, DOI:10.1016/j.proeng.2015.08.669

Lahrmann, A. (2002): Sensors in Household Appliances. In: Lahrmann, A. & Tschulena, G. (Hrsg), Vol.5; Sensors Applications Series, Verlag Wiley-VCH, Weinheim, 52-68

Moshayedi, A.J. & Gharpur, D.C. (2014): Review on: Odor Localization Robot Aspect and Obstacles, International Journal on Mechanical Engineering and Robotics (IJMER), 2321-5747, 2(6), 7-19

Powers, W. (2004): The Science of Smell Part 1: Odor perception and physiological response, University Extension, Iowa State University, PM 1963a.

Pschierer, I. (2005): Bedeutung von Riechen und Schmecken für die Lebensqualität älterer Menschen. Dissertation zum Erwerb des Doktorgrades der Medizin an der LMU München

Architektur zum Schutz der Privatsphäre in AAL-Systemen

Christoph Reich, Hendrik Kuijs, Kevin Wallis & Timo Bayer

Institute for Cloud Computing and IT-Security, Hochschule Furtwangen

Durch die Einführung von neuen europaweiten Datenschutzregulierungen rückt der Schutz der Privatsphäre in den Mittelpunkt von Entwicklungen in IT Systemen. Die vorliegende Arbeit stellt die zugrundeliegenden Regelungen, den theoretischen Ansatz, sowie eine technische Umsetzung für den Schutz der Privatsphäre in Ambient Assisted Living Systemen durch eine geregelte Datenzugriffskontrolle dar. Dabei werden eine Einführung in den Bereich AAL gegeben, thematisch wichtige Punkte für den Schutz der Privatsphäre definiert und eine regelbasierte Zugriffskontrolle mit dem SpeciAAL Privacy Policy Utility aufgezeigt.

1 Einführung

Im Forschungsgebiet Ambient Assisted Living stehen der Nutzende von technischen Assistenzsystemen und der jeweilige Kontext im Mittelpunkt. Als Kontext wird nach Dey und Abowd jegliche Information definiert, die dazu genutzt werden kann die Situation einer Person, eines Ortes oder eines Objektes zu charakterisieren, die bei der Interaktion zwischen Nutzendem und System relevant ist, einschließlich der Applikation und des Nutzenden selbst (Dey und Abowd 1999). Dieser Kontext wird in technischen Assistenzsystemen in erster Linie zur Adaption von Diensten an eine spezifische Person verwendet. Dadurch werden häufig personenbezogene Daten an sekundäre und tertiäre Interessengruppen (Dario und Cavallo 2014) weitergegeben oder von Drittsystemen maschinell verarbeitet. Neben dem gesetzlich geregelten Vorhandensein von Dokumentationen und Verträgen zwischen Interessensgruppen, Dienstleistern und Nutzenden, wird dem Schutz der Privatsphäre durch die Einführung der General Data Protection

Regulation (The European Parliament and the Council of the European Union 2016) Rechnung getragen, die Transparenz bei der Verarbeitung von Daten unterstrichen und die Kontrolle über den Zugriff auf die Daten an den Nutzenden zurück übertragen. Darin werden Privacy by Design und Privacy by Default als Mindeststandards für den Schutz der Privatsphäre explizit erwähnt. Die technische Umsetzung wird dabei schon länger unter dem Schlagwort Privacy-Enhancing Technologies (European Union 2007) diskutiert.

Die vorgestellte Arbeit gibt einen Überblick über personenbezogene, rechtliche und technische Aspekte und beschreibt einen technischen Ansatz, der in der *Security & Privacy Enhanced Infrastructure for Ambient Assisted Living* (SpeciAAL) eingesetzt wird. Diese Plattform basiert auf der Architektur des *Person Centered Environment for Information, Communication and Learning* (PCEICL) (Kuijs et al. 2015) aus einem vorangegangen Teilprojekt des ZAFH-AAL Verbunds.

2   Schutz der Privatsphäre

Im Zusammenhang mit Datenschutz sowie Privacy-Enhancing Technologies (PETs) müssen verschiedene Aspekte berücksichtigt werden, hierzu zählen personenbezogene und rechtliche Aspekte, technische Aspekte mit Sicherheitsrisiken, PETs, Privacy by Design (PbD) und idealtypischen AAL-Modelle. Eine Beschreibung dieser Punkte wird im Folgenden vorgenommen.

2.1   Definition

Die Definition des Begriffs *personenbezogener Daten* wird aus Article 29 Data Protection Working Party 2007 übernommen. Zusammengefasst sind personenbezogene Daten alle Informationen über eine identifizierte oder dadurch identifizierbare Person (Gassmann 1981).

Personenbezogene Aspekte: Einer der zentralen Punkte im Zusammenhang mit AAL-Plattformen ist der Schutz der personenbezogenen Daten und somit auch der Schutz der Privatsphäre. In diesem Zusammenhang muss zwischen verschiedenen persönlichen Ansichten sowie Anforderungen differenziert werden. Unter anderem hängt die persönliche Ansicht von Alter, Geschlecht, Kultur und Gesundheitszustand ab (Wilkowska et al. 2015). Zudem müssen auch die Ansichten anderer Stakeholder, wie Familienmitglieder und pflegerisches oder medizinisches Personal, in Betracht gezogen werden (Wilkowska et al. 2015). Zagler et al. weisen darauf hin, dass eine Balance zwischen dem Schutz der personenbezogenen Daten und den unterschiedlichen Interessen gefunden werden muss (Zagler et al. 2008).

Rechtliche Aspekte: Personen, die eine AAL-Plattform nutzen, haben das Recht auf informationelle Selbstbestimmung. „Dieses Recht wird vom Bundesverfassungsgericht aus dem Artikel 2 Abs. 1 i.V.m. Artikel 1 Abs. 1 des Grundgesetzes abgeleitet" (Rost und Bock 2011). Somit muss gewährleistet werden, dass der Umgang (Messung, Speicherung, Verarbeitung, Weitergabe) mit personenbezogenen Daten vom Betroffenen selbst erlaubt wird. Am 25. Mai 2018 wird die General Data Protection Regulation (GDPR), zu Deutsch Datenschutz-Grundverordnung, die bisher bestehende Datenschutz Regulierung Data Protection Directive 95/46/EC von 1995 ersetzen (European Parliament 1995). Die Verordnung ist „zum Schutz natürlicher Personen bei der Verarbeitung personenbezogener Daten, zum freien Datenverkehr und zur Aufhebung der Richtlinie 95/46/EG" (The European Parliament and the Council of the European Union 2016). Es gibt einige wichtige rechtlich bindende Vorschriften, die von allen Mitgliedsstaaten eingehalten werden müssen:

1) **Transparenz:** Ein(e) Betroffene(r) muss über die Art und Weise der Datenverarbeitung informiert werden. Die bearbeitende Instanz muss Name und Adresse sowie den Grund der Verarbeitung und die Empfänger der Daten vorweisen, sodass eine faire Verarbeitung sichergestellt werden kann. Der/Die Betroffene muss die vollständige Kontrolle über seine Daten haben und hat das Recht, auf alle verarbeiteten Daten zuzugreifen und bei einem Datenfehler (unvollständige, ungenaue oder nicht mit dem Datenschutz übereinstimmende Daten) eine Berichtigung, Löschung oder Blockierung der Daten zu beantragen.
2) **Legitimer Zweck:** Personenbezogene Daten dürfen nur für einen expliziten sowie legitimen Zweck verwendet werden. Es darf keine Weiterverarbeitung erfolgen, wenn diese nicht mit der vorherigen Absicht einhergeht.
3) **Verhältnismäßigkeit:** Personenbezogene Daten dürfen nur verarbeitet werden, wenn sie angemessen, relevant und nicht übermäßig im Ver-

gleich zum eigentlichen Zweck aufgenommen werden. Die Daten müssen genau und wenn nötig aktuell gehalten werden. Zudem sollte die Zuordenbarkeit der Daten zu einer Person nur solange möglich sein, wie es für den eigentlichen Zweck benötigt wird.

Ein Leitfaden zum Schutz der personenbezogenen Daten und des Datenaustausches (teilweise über Landesgrenzen hinweg) wird von der Organisation for Economic Cooperation and Development (OECD) (Gassmann 1981) zur Verfügung gestellt, dadurch wird eine gute internationale Zusammenarbeitet ermöglicht. Neben Schutz und Datenaustausch gibt es noch weitere Punkte, die eine zentrale Rolle in Bezug auf die rechtlichen Aspekte spielen. Unter anderem sind Messdaten einer bestimmten Person, die von einem Unternehmen aufgenommen werden, nicht Eigentum des Unternehmens, sondern der Person. Somit kann das Unternehmen nur mittels Einwilligung der betroffenen Person die Messdaten verwenden (sofern keine gesetzliche Regelung vorliegt). Eine Einwilligung muss eine definierte Qualität aufweisen, d.h. die Einwilligung muss schriftlich erfolgen, die Person muss einsichtsfähig sein, die Einwilligung muss freiwillig gegeben werden und die betroffene Person muss hinreichend aufgeklärt sein. Die Verarbeitung der personenbezogenen Daten muss ebenfalls eine definierte Qualität einhalten. Rost weist darauf hin, dass im Zusammenhang mit AAL die Schutzziele des Datenschutzes verwendet werden können, hierzu zählen Verfügbarkeit, Integrität, Vertraulichkeit, Transparenz, Nichtverkettbarkeit und Intervenierbarkeit (Rost 2011; Rost und Bock 2011). Anhand der Schutzziele kann eine Risikoanalyse erfolgen, die den Schutzbedarf der Daten definiert. Anschließend kann ein Risikobehandlungsplan erstellt werden, der festlegt, mit welchen Maßnahmen bestimmte Risiken behandelt werden.

Technische Aspekte: Für die technischen Aspekte im Zusammenhang mit der entwickelten AAL-Plattform SpeciAAL wird eine Cloud-Computing Infrastruktur herangezogen. Für den Datenschutz hat dies vor allem Auswirkungen auf die Stakeholder, die an der Datenverarbeitung beteiligt sind. Zu den Nutzenden eines AAL-Systems kommen auch noch externe Cloud Provider. Jansen et al. (Jansen und Grance 2011) haben eine Aufteilung in unterschiedliche Kategorien und eine passende Empfehlung für Richtlinien und Maßnahmen des Datenschutzes in Cloud Computing Infrastrukturen erstellt, die für Cloud Anwendungen von zentraler Bedeutung sind. Unter anderem zählen zu den Kategorien Vertrauen und Architektur. Die technische Umsetzung des Datenschutzes kann grob in drei Kategorien eingeteilt werden:

1) **Präventive Maßnahmen:** Bevor ein AAL-System in Betrieb genommen wird, muss schon bei der Konzeptionierung der Architekturkomponenten der Datenschutz berücksichtigt werden, was man als Privacy by Design (PbD) zusammenfassen kann. Technologien zum Schutz der Privatsphäre, die zusätzlich in das AAL-System integriert werden, bezeichnet man als Privacy Enhanced Technologien (PET).

2) **Erkennende Maßnahmen:** Während des Betriebes muss der Datenschutz überwacht und eventuelle Verletzungen protokolliert werden, um einen Nachweis der korrekten Arbeitsweise zu erhalten (Audit). Privacy-Monitoring- und Audit-Werkzeuge kommen hier zum Einsatz, was jedoch vom AAL-System unterstützt werden muss.

3) **Korrigierende Maßnahmen:** Falls es zu einer Datenschutzverletzung kommt, gibt es mehrere Maßnahmen darauf zu reagieren, so kann bspw. der Nutzende oder der Plattform-Administrator informiert oder der Datenzugriff gesperrt sperren. Bei schwerwiegenden Datenschutzverletzungen (Data Breaches) muss laut DSGVO innerhalb von 72 Stunden die Aufsichtsbehörde über die Verletzung informiert werden.

2.2 Design Strategien zum Schutz der Privatsphäre

Zum Schutz der Privatsphäre können unter anderem Design Strategien (DS) verwendet werden. Im Allgemeinen beschreibt eine DS einen abstrakten Ansatz zum Erreichen eines bestimmten Design Ziels. Es gibt drei unterschiedliche Arten von Abstraktion (aufsteigend sortiert nach Abstraktionsstufe): Design Pattern (DP), Architektur Pattern (AP) und DS. Daraus lässt sich ableiten, dass eine DS unter Verwendung eines AP umgesetzt wird und das AP wiederum mit den DPs. Eine Auflistung von acht verschiedenen Strategien wurde von Danezis et al. (Danezis et al. 2015) vorgenommen. Zusätzlich sind bei jeder Strategie DPs für die Umsetzung aufgezeigt. Im Folgenden werden die DS kurz wiedergegeben:

1) **Minimise:** Personenbezogene Daten sollten bei der Verwendung minimal gehalten werden, d.h. die zu Verfügung stehenden Daten sollten auf die benötigten Daten beschränkt werden.

2) **Hide:** Jeglicher Zusammenhang zwischen personenbezogenen Daten sollte verborgen werden, d.h. es sollten z.b. keine Rückschlüsse von der Personengröße auf den Personenamen möglich sein.

3) **Separate:** Die personenbezogenen Daten sollten einerseits verteilt gespeichert und andererseits verteilt verarbeitet werden. Dadurch wird die Erzeugung eines kompletten Personenprofils verhindert.

4) **Aggregate:** Bei der Verarbeitung von Daten sollte die höchstmögliche Aggregationsstufe verwendet werden, d.h. die Daten sollten so abstrakt gehalten werden, dass sie gerade noch für die Verarbeitung verwendet werden können.

5) **Inform:** Bei jeder Verarbeitung von personenbezogenen Daten sollte der/die Betroffene ausreichend informiert werden.

6) **Control:** Betroffenen sollte Zugriff auf ihre zu verarbeitenden Daten gegeben werden. Unter anderem wird dies verwendet, damit eine Person ihre Daten anschauen, löschen oder richtigstellen kann.

7) **Enforce:** Eine Datenschutz Policy, die mit den rechtlichen Anforderungen übereinstimmt, sollte umgesetzt werden. Dadurch wird gewährleistet, dass ein System während seiner Ausführung die Privatsphäre respektiert.

8) **Demonstrate:** Ein Daten-Controller sollte die Einhaltung von Datenschutz Policies und rechtlichen Anforderungen demonstrieren können.

Privacy Enhancing Technologies: Eine der am weitest verbreiteten technischen Methoden zum Datenschutz und Schutz der Privatsphäre sind die **Privacy Enhancing Technologies (PETs) (Article 29 Data Protection Working Party 2007; Danezis u. a. 2015). Hierzu gehören:**

1) Automatische Anonymisierung nach einer definierten Zeit, sodass keine Rückschlüsse auf die Identität der Person mehr möglich sind.

2) Verschlüsselungsmechanismen für eine sichere Kommunikation über ein Netzwerk oder zum Abspeichern von Daten.

3) Cookie Blockierung, sodass keine vom Benutzenden unerwünschte Aktion ausgeführt werden können.

4) Verwendung von Privacy Policies beim Browsen im Internet, dadurch werden nur Daten vom Benutzenden übermittelt, die dieser auch freigegeben hat (Platform for Privacy Preferences) (Cranor u. a. 2006).

Privacy by Design: Privacy by Design (PbD) wird laut der Privacy by Design resolution wie folgt beschrieben: "as a holistic concept that may be applied to operations throughout an organisation, end-to-end, including its information technology, business practices, processes, physical design and networked infrastructure" (Cavoukian 2010). Außerdem weist diese Resolution darauf hin, dass die existierenden Regelungen und Policies nicht ausreichen, um den Schutz der Privatsphäre zu gewährleisten und empfiehlt, Datenschutz im Unternehmen als Standardziel einzugliedern, damit dieser umfassend erreicht werden kann. Die GDPR legt eine verpflichtende Verwendung von Privacy by Design und Privacy by Default fest.

2.3 Idealtypische AAL-Modelle

Für die Verarbeitung von personenbezogenen Daten in einem AAL-System gibt es drei unterschiedliche idealtypische Modelle. Diese drei unterschiedlichen Modelle werden von Rost (Rost 2011) wie folgt beschrieben:

1) **Modell (a):** Gibt dem Benutzenden die volle Souveränität über seine Daten, d.h. alle aufgenommenen, verarbeiteten oder versandte Daten werden vom Benutzenden bestimmt. Hierbei kommt hauptsächlich ein Beobachtungssystem zum Einsatz – dies entspricht einer Heimautomatisierung.

2) **Modell (b):** Hierbei beauftragt der/die Betroffene einen professionellen Beobachter (z.B. einen Pflegedienst), dieser ist für die AAL-Dienstleistung zuständig. Er handhabt somit den Zugriff auf die Sensordaten sowie die Konfiguration der Sensoren und kann Aktionen, wie bspw. einen telefonischen Rückruf, ausführen. Somit verlassen die personenbezogenen Daten die vom Betroffenen kontrollierte Umgebung und werden operativ zur Verfügungsmasse des professionellen Beobachtenden – es muss beachtet werden, dass die Daten nur operativ und nicht rechtlich an ihn übergehen.

3) **Modell (c):** gibt einem professionellen Beobachtenden die Erlaubnis, Sensorik-Rohdaten, die zuvor anonymisiert wurden, für eigene Zwecke zu verwenden. Vorstellbar sind Statistikämter, Versicherungen und Sicherheitsbehörden.

Bei Modell (a) bedarf es datenschutztechnisch weniger Aufwand als bei den Modellen (b) und (c), da der/die Betroffene selbst über die Verwendung der Daten entscheiden kann. Die beiden anderen Modelle setzen geschlossene Verträge, IT-Planungen und Sicherheitsvorkehrungen voraus. Die integrierte Lösung *SpeciAAL* stellt nach dieser Taxonomie eine Mischform aus (b) und

(c) dar und muss daher besonders gegen Datenmissbrauch geschützt werden.

3   Regelbasierte Zugriffskontrolle mit SpeciAAL_PPU

Zum Schutz der potentiell personenbezogenen Daten in *SpeciAAL* werden zunächst an allen kritischen Punkten Monitoring-Module implementiert. Diese sollen den Fluss von Daten analysieren und im ersten Schritt nur dazu eingesetzt werden, dass dem Nutzenden dargestellt werden kann, welche Module auf welche Daten zugreifen können (Design Strategie „transparency", siehe (Danezis u. a. 2015)).

Wie in Abbildung 1 dargestellt, werden dabei unterschiedliche Arten von Zugriffen berücksichtigt. Neben den Zugriffen über das *DB Access Modul* auf in der Datenbank gespeicherte Informationen werden auch Zugriffe zwischen den Modulen in der OSGi-Schicht erfasst und protokolliert. Dies ist notwendig, da Daten auch zwischen Modulen ausgetauscht werden können, ohne direkt auf die Datenbankschnittstelle zuzugreifen. Eine Besonderheit besteht im Monitoring zwischen getrennten OSGi-Plattformen in einer verteilten OSGi-Umgebung: Durch den Einsatz eines Discovery-Servers ist es möglich, Daten zwischen Modulen auf verschiedenen OSGi-Plattformen auszutauschen und die Plattform als eine gemeinsame Plattform erscheinen zu lassen. Die sogenannten *Modul Proxies* und *Modul End-*

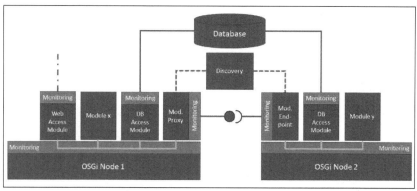

Abbildung 1: Schemadarstellung der implementierten Monitoring Module in SpeciAAL.

points müssen daher ebenfalls ein Monitoring-Modul implementieren um den Datentransfer zu protokollieren. Für den Zugriff über eine Web-schnittstelle von außerhalb wird das *Web Access Module* um ein Monitoring erweitert. In einer weiteren Ausbaustufe kann diese Funktion auch von eigenständigen Webservern übernommen werden. Die so gesammelten Daten sollen aufbereitet, kategorisiert und grafisch angezeigt werden. Erste Prototypen für die Anzeige der verwendeten Daten innerhalb der Plattform wurden bereits in studentischen Projekten ausgearbeitet und evaluiert.

Die beschriebenen Monitoring Module werden um Privacy Module erweitert. Diese können Datenzugriffe nicht nur protokollieren, sondern basierend auf maschinenlesbaren Policy-Dokumenten zulassen oder verbieten. Diese Policy-Dokumente können entweder schon bei der Einrichtung eines Moduls den Schutz von persönlichen Daten auf Basis geltender Regelungen sicherstellen (Privacy by Default und Design Strategie „enforce") oder vom Nutzenden über ein vereinfachtes grafisches Interface angepasst werden (Design Strategie „control", siehe (Danezis et al. 2015)). Im Rahmen des Forschungsprojekts ZAFH-AAL wurde ein regelbasiertes, leichtgewichtiges und interoperables Zugriffskontrollsystem zur einheitlichen Definition der Datenzugriffe in heterogenen Systemen entwickelt. Das nachstehende Kapitel beschreibt dessen grundlegende Konzepte, die zur Realisierung verwendete Architektur und eine mögliche Anwendung im Kontext Ambient Assisted Living.

3.1 Bedarf von Autorisierungs-Policies

Der Bereich Ambient Assisted Living weist in Bezug auf die verfügbaren Produkte, Dienstleistungen und Konzepte eine immense Variabilität sowie eine daraus entstehende Heterogenität auf. Diese zeigt sich insbesondere im Hinblick auf die Vielzahl möglicher Datenquellen, verwendeter Technologien und der auf den erzeugten Daten aufbauenden Dienste. Neben dem daraus entstehenden Potenzial zur technologiegestützten Verbesserung der Lebensqualität älterer oder benachteiligter Menschen erfordert dieser Trend, begründet durch die zur Erbringung der Dienste erforderlichen sensiblen Informationen, eine umfassende Betrachtung der Datensicherheit und Privatsphäre. Dies schließt sowohl eine feingranulare Reglementierung des Zugriffs auf die gespeicherten Daten und Geräte als auch die dafür erforderliche Kategorisierung dieser Informationen mit ein. Bedingt durch die stetig steigende Anzahl an Produkten und Dienstleistungen in diesem Bereich besteht die Notwendigkeit, die beschriebenen Aspekte zentral und für den Nutzenden möglichst transparent zu realisieren. Dieses Ziel verfolgt die im weiteren Verlauf des Kapitels vorgestellte *SpeciAAL Privacy Policy Utility* (SpeciAAL_PPU) Plattform. Die bekanntesten Vertreter von Policy-Repräsentationen sind die Platform for Privacy Preferences (P3P) (Cranor u. a. 2006), S4P (Becker u. a. 2010) und die SIMple Privacy Language (SIMPL) (Le Métayer 2009). P3P wurde entwickelt, um Informationen zum Schutz der Privatsphäre (wie bspw. Redakteure, gesammelte Daten, Widerspruchsregelungen und die Dauer der Speicherung von Informationen) in einer maschinell lesbaren Weise zu Verfügung zu stellen. S4P beschreibt den Zweck von Diensten und der Nutzung von persönlichen Daten. SIMPL bildet mit einem kleinen Teil der englischen Sprache Vorlieben und Regelungen für die Nutzung von Daten ab. Die Spezifizierung steht allerdings ziemlich am Anfang und die Fragmente sind für viele Menschen nur schwer verständlich. Um die Policy in Anlehnung an die natürliche Sprache und in der übertragenen Form auch möglichst einfach für die Zielgruppe zu halten, ist die Basis der vorgestellten Policy aufgesetzt auf die sechs W-Fragen (Wer, Wie, Wo, Was, Wann, Warum?). All diese Fragen werden jeweils von den einzelnen Policies beantwortet. In Abbildung 2 werden die Fragen und die entsprechende Repräsentation in der Policy abgebildet. Im weiteren Verlauf wird jedoch hauptsächlich auf die technische Repräsentation der Policy eingegangen.

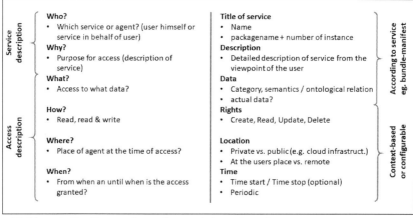

Abbildung 2: Die Fragen der Policy und die technische Repräsentation.

3.2 Auswahl und Struktur einer Autorisierungs-Policy

Die Grundlage des zur Zugriffskontrolle entwickelten Systems basiert auf der Definition der Autorisierungs-Policies, die die zugelassenen Datenzugriffe definieren. Die gewählte Struktur der Policies basiert maßgeblich auf einer leichtgewichtigen Repräsentation der etablierten eXtensible Access Control Markup Language (XACML) (Kafura 2004). Die XACML ist eine deklarative, attributbasierte Auszeichnungssprache zur Darstellung von Autorisierungs-Policies und zeichnet sich insbesondere durch dessen hohe Interoperabilität, Erweiterbarkeit und der daraus entstehenden Allgemeingültigkeit aus. Im Vordergrund der Definition einer Autorisierungs-Policy stehen die zu schützenden Daten, die abhängig des konkreten Einsatzszenarios in ihrer Sensibilität und ihrem Verwendungszweck stark variieren. Zur effizienten Abbildung dieser Variabilität erfolgt die Definition einer Autorisierungs-Policy auf Grundlage des anfragenden Dienstes. Diese Designentscheidung resultiert in einer erhöhten Flexibilität, in dem neue Dienste ohne globale Auswirkungen hinzugefügt oder deren Berechtigungen entzogen bzw. manipuliert werden können. Abgebildet wird dies durch das in Abbildung 3 dargestellte *Attribut Subjects*. Neben der Definition der betroffenen Dienste umfasst eine Policy eine variable Anzahl an Regeln, die zur Festlegung der gewünschten Zugriffberechtigungen verwendet werden.

```
1    <?xml version="1.0" encoding="UTF-8"?>
2    <Policy PolicyID="ExamplePolicy">
3      <Subjects>
4        <Subject>ExampleApp</Subject>
5      </Subjects>
6        <Rule RuleID="ReadRessource" Effect="Permit">
7        <Resources>
8          <Resource>Example</Resource>
9        </Resources>
10       <Categories>
11         <Category>General</Category>
12       </Categories>
13       <Actions>
14         <ActionMatch MatchId="ExamplePolicy:Example:General:Read">
15           <AttributeValue>Read</AttributeValue>
16         </ActionMatch>
17       </Actions>
18       <Condition ConditionID="TimeWindow">
19         <Apply FunctionID="Time_Window(7:00,14:00)" />
20       </Condition>
21     </Rule>
22   </Policy>
```

Abbildung 3: Aufbau einer Autorisierungs-Policy.

Eine Regel bezieht sich stets auf eine konkrete Ressource, die unter Angabe einer Kategorie zur feingranularen Berechtigungsvergabe weiter eingeschränkt werden kann. Das Herzstück einer so definierten Regel bildet das Attribut Actions. Innerhalb diesem können die erlaubten Zugriffsmuster definiert werden.

Die Zugriffsmuster umfassen die gängigen Datenbankoperationen entsprechend dem CRUD Akronym. Zur Gewährleistung kontextsensitiver Zugriffberechtigungen können die definierten Regeln mittels des *Condition* Attributs durch zusätzliche Bedingungen ergänzt werden. Die verfügbaren Bedingungen werden durch die *SpeciAAL_PPU* Plattform definiert und umfassen bspw. die Abbildung zeit- oder ortsabhängiger Zugriffsmuster. Die abgebildete Autorisierungs-Policy verdeutlicht dies anhand einer zeitlichen Einschränkung der erlaubten Zugriffe. Das Standardverhalten der entwickelten Plattform unterbindet ohne entsprechende Policy jeglichen Datenzugriff, weshalb sämtliche Zugriffsmuster eines Dienstes innerhalb einer korrespondierenden Regel definiert werden müssen. Die einzelnen Regeln werden sequenziell interpretiert und müssen daher in absteigender Zugriffsgranularität definiert werden. Der beschriebene Aufbau einer Autorisierungs-Policy kann zur Abbildung komplexerer Zugriffsberechtigungen beliebig erweitert werden und weist durch die bereitgestellte Möglichkeit zur Überführung in ein der XACML Spezifikation entsprechendes Format eine vollständige Interoperabilität mit abweichenden Implementierungen auf.

3.3 Architektur zur Umsetzung von Autorisierungs-Policies durch ein Zugriffkontrollsystem

Die gewählte Architektur zur Realisierung des Zugriffkontrollsystems basiert maßgeblich auf der etablierten XACML Referenzarchitektur. Obwohl mittlerweile eine Vielzahl konkreter Realisierungen dieser Referenzarchitektur verfügbar ist, wurde das System anhand einer individuellen Implementierung realisiert. Dies begründet sich maßgeblich aus den strikten Anforderungen zur Leichtgewichtigkeit und der Möglichkeit zur Integration weiterführender Funktionalitäten, wie die Bereitstellung einer zentralen und nutzerfreundlichen Verwaltungsschnittstelle.

Der Aufbau des entwickelten Systems gliedert sich, wie in Abbildung 4 dargestellt, in die zwei Verantwortlichkeiten Erstellung bzw. Verwaltung von

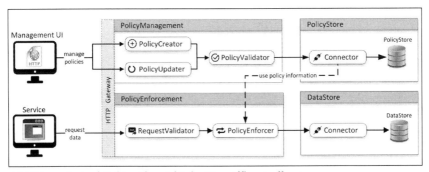

Abbildung 4: Architekturübersicht des Zugriffkontrollsystems.

Autorisierungs-Policies und die Sicherstellung der darin definierten Zugriffsmuster im Rahmen einer Anfrage der gespeicherten Daten. Zusätzlich verfügt das System über eine zentrale Nutzeroberfläche zur Verwaltung der Policies. Die Nutzeroberfläche verfolgt das Ziel, dem Nutzenden, unter Abstraktion der technischen Details, eine möglichst hohe Transparenz und umfassende Kontrolle über die erteilten Berechtigungen zu gewähren.

Die Funktionalität der erstgenannten Verantwortlichkeit umfasst die Module *PolicyManagement* und *PolicyStore*. So enthält das Modul *PolicyManagement* die Teilkomponenten zur Erstellung und Verwaltung von Autorisierungs-Policies. Die Erstellung einer Policy kann zur Gewährleistung einer möglichst hohen Bedienbarkeit über nutzerfreundliche Eingabeformulare innerhalb der Nutzeroberfläche oder mittels eines Imports vordefinierter XML Dateien erfolgen. Im Falle der formulargestützten Erstellung werden die Informationen der zu erteilenden Berechtigungen über HTTP Endpunkte der Teilkomponente *PolicyCreator* bereitgestellt. Unter Verwendung der Teilkomponente *PolicyValidator* werden diese zunächst auf deren semantische Korrektheit überprüft und anschließend eine korrespondierende XML Datei erzeugt. Werden neue Policies unmittelbar als XML Datei eingefügt, findet zusätzlich eine Überprüfung der syntaktischen Korrektheit statt. Die Ablage der erstellten Policies erfolgt innerhalb des *PolicyStore*. Sollen bestehende Berechtigungen manipuliert werden, geschieht dies über die Komponente *PolicyUpdater*. Eine Manipulation bestehender Policies verhält sich äquivalent zu einer Erstellung, indem die vorhandenen Informationen sowohl mittels Formulare der Nutzeroberfläche oder direkt innerhalb der korrespondierenden XML Dateien aktualisiert werden können. Die zugehörige Komponente stellt diese Funktionalität ebenfalls über HTTP Endpunkte bereit, die nach einem erfolgreichen Abschluss in einer Aktualisierung der Daten des *PolicyStore* resultieren. Die zweite Verantwortlichkeit des Systems umfasst die Einhaltung der erstellten Autorisierungs-Policies, dessen Funktionalität maßgeblich innerhalb des Moduls *PolicyEnforcement* umgesetzt ist. Versucht ein Dienst auf die gespeicherten und zu schützenden Daten innerhalb des *DataStore* zuzugreifen, kann dies unter Angabe der eigenen Identität, der gewünschten Ressource und dem jeweiligen Zugriffsmuster ausschließlich über den Aufruf der definierten HTTP Endpunkte des *RequestValidator* erfolgen. Die Angabe der Identität besitzt besondere Relevanz, um einem möglichen Missbrauch entgegenzuwirken. Hierfür findet ein zertifikatsbasierter Abgleich der Identitäten innerhalb des *RequestValidator* statt. Kann die vorgegebene Identität bestätigt werden, wird die Anfrage an die *PolicyEnforcer* Komponente weitergereicht. Unter Nutzung der gespeicherten Policies überprüft diese Komponente, ob der angefragte Zugriff den definierten Berechtigungen entspricht und antwortet im Positivfall mit den angefragten Daten. Im Negativfall wird der Zugriff auf die Daten verweigert.

3.4 Anwendungsbeispiel im Kontext von Ambient Assisted Living (AAL)

Das vorgestellte Zugriffskontrollsystem ermöglicht eine vielseitige Verwendung in zahlreichen Anwendungsgebieten der Industrie und Forschung. So begründet sich die Eignung im Kontext Ambient Assisted Living insbesondere durch die bestehende Leichtgewichtigkeit, hohe Interoperabilität in Bezug auf die zu verwaltenden Datenquellen und Geräte sowie die aus der zentralen Verwaltung der Zugriffsberechtigungen resultierende Transparenz. Der folgende Abschnitt beschreibt zur Verdeutlichung der Funktionsweise exemplarisch ein mögliches Anwendungsbeispiel in diesem Kontext.

Der Kontext des Anwendungsbeispiels umfasst, wie in Abbildung 5 dargestellt, zwei geläufige Szenarien im Bereich AAL: die tägliche Zustellung von Mahlzeiten und die Überwachung chronischer Krankheiten. Um diese Dienstleistungen möglichst effizient zu gestalten, greifen die Anbietenden auf gespeicherte Daten des betroffenen Nutzenden oder die Aufzeichnungen bzw. Funktionalität intelligenter Systeme zurück. So nutzt der Dienst zur Überwachung des Gesundheitszustands die durch Wearables aufgezeichneten und innerhalb einer Datenbank persistierten Aktivitätsdaten und

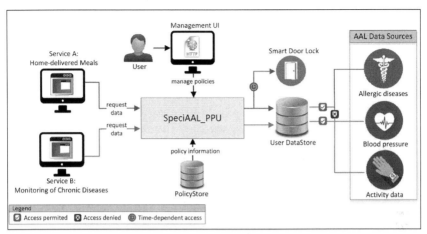

Abbildung 5: SpeciAAL_PPU Anwendungsbeispiel.

Blutdruckmessungen der Patient(inn)en. Der Anbietende zur Auslieferung der Mahlzeiten nutzt sowohl generelle Gesundheitsdaten in Form von bestehenden Allergien, als auch die Funktionalität einer intelligenten Zugangskontrolle der Eingangstür. Nach der initialen Beauftragung der Dienstleistung müssen einmalig geeignete Zugriffsberechtigungen erteilt werden. Diese können innerhalb der Nutzeroberfläche manuell durch den Nutzenden definiert oder anhand den seitens des Dienstleistenden zur Verfügung gestellten Policies importiert werden. Durch die Definition der beschriebenen Zugangsmuster stellt die *SpeciAAL_PPU* Plattform sicher, dass die Anbietenden lediglich auf die zur Erbringung ihrer Dienste erforderlichen Informationen zugreifen können. Das Anwendungsszenario zeigt zudem, wie weiterführende Geräte abseits der gespeicherten Daten einer Datenbank integriert werden können. Dies erfolgt anhand des Beispiels eines intelligenten Türöffners, dessen Funktionalität mittels entsprechender HTTP Aufrufe angebunden wird. Eine weitere Besonderheit stellt die zeitliche Einschränkung des Zugriffs dar. Dieser wird mittels einer entsprechenden *Condition* der korrespondierenden Policy definiert und durch die *SpeciAAL_PPU* Plattform sichergestellt.

4 Zusammenfassung

Basierend auf den Anforderungen an moderne Schutzziele zur Wahrung der Privatsphäre kann mit der *SpeciAAL_PPU* ein Werkzeug in moderne AAL-Plattformen integriert werden, welches den Nutzenden in die Lage versetzt, Zugriffsregelungen zu erstellen. Neben der Möglichkeit zur feingranularen Definition der Zugriffsberechtigungen entsteht der Mehrwert der *SpeciAAL_PPU* Plattform im Kontext von AAL insbesondere durch die hohe Interoperabilität. Dies schließt sowohl die Integration vielseitiger Datenquellen und intelligenter Systeme, als auch die einheitliche Nutzung der Plattform seitens der anfragenden Dienste mit ein. Die Dienste können über definierte HTTP Endpunkte auf die Plattform zugreifen, wodurch vielfältige Integrationsmöglichkeiten, wie die Nutzung von Applikationen für mobile Geräte oder Webanwendungen, entstehen. Zudem wird durch den beschriebenen Ansatz eine einheitliche Schnittstelle angeboten und technologische Details der verbundenen Geräte vollständig abstrahiert. Auf der Seite der Nutzenden entsteht eine vollständige Transparenz sowie eine feingranulare Kontrolle über die Nutzung ihrer Daten.

5 Literaturverzeichnis

Article 29 Data Protection Working Party (2007): Opinion 4/2007 on the concept of personal data. In: Wp. 0 (Lx), 136

Becker, MY., Malkis, A. & Bussard, Laurent (2010): S4P: A generic language for specifying privacy preferences and policies. In: Microsoft Research, 0–35. Online verfügbar unter https://www.microsoft.com/en-us/research/wp-content/uploads/2010/04/main-1.pdf (zuletzt aufgerufen am 09.10.2017)

Cavoukian, A. (2010): The 7 Foundational Principles - Implementation and Mapping of Fair Information Practices. Online verfügbar unter https://www.ipc.on.ca/images/Resources/pbd-implement-7found-principles.pdf (zuletzt aufgerufen am 24.01.2017)

Cranor, L., Dobbs, B., Egelman, S. u. a. (2006): The Platform for Privacy Preferences 1.1 (P3P1.1) Specification.

Danezis, G., Domingo-Ferrer, J., Hansen, M. u. a. (2015): Privacy and Data Protection by Design - from policy to engineering. Heraklion, Greece doi: 10.2824/38623

Dario, P. & Cavallo, F. (2014): Ambient Assisted Living Roadmap. Online verfügbar unter http://www.aaliance2.eu/sites/default/files/AA2_WP2_D2%207_RM2_rev5.0.pdf (zuletzt aufgerufen am 09.10.2017).

Dey, A. & Abowd, G. (1999): Towards a Better Understanding of Context and Context-Awareness. In: Handheld and Ubiquitous Computing, 304–307, doi: 10.1007/3-540-48157-5_29

European Parliament (1995): Directive 95/46/EC. Official Journal of the European Communities.

European Union (2007): MEMO/07/159 - Privacy Enhancing Technologies (PETs). Press Release. Online verfügbar unter http://europa.eu/rapid/press-release_MEMO-07-159_en.htm?locale=en (zuletzt aufgerufen am 27.01.2017)

Gassmann, H.P. (1981): OECD guidelines governing the protection of privacy and transborder flows of personal data. Computer Networks (1976). doi: 10.1016/0376-5075(81)90068-4

Jansen, W. & Grance, T. (2011): NIST Special Publication 800–144: Guidelines on Security and Privacy in Public Cloud Computing. Director. doi: 10.3233/GOV-2011-0271

Kafura, D. (2004): OASIS eXtensible Access Control Markup Language (XACML) TC. Spring. doi: http://www.oasis-open.org/committees/tc_home.php?wg_abbrev=xacml

Kuijs, H., Rosencrantz, C. & Reich, C. (2015): A Context-aware, Intelligent and Flexible Ambient Assisted Living Platform Architecture. In: Cloud Computing 2015: The Sixth International Conference on Cloud Computing, GRIDs and Virtualization. IARIA

Le Métayer, D. (2009): A Formal Privacy Management Framework. In: Formal Aspects in Security and Trust. Springer Verlag 5491 , 162–176, doi: 10.1007/978-3-642-01465-9_11

Rost, M. (2011): Datenschutz bei Ambient Assist Living (AAL) durch Anwendung der Neuen Schutzziele. Online verfügbar unter https://www.maroki.de/pub/privacy/DS_in_AALSystemen.pdf (letzter Zugriff am 09.10.2017)

Rost, M. & Bock, K. (2011): Privacy by Design und die Neuen Schutzziele: Grundsätze, Ziele und Anforderungen. In: DuD - Datenschutz und Datensicherheit. 35 (1), 30–35, doi: 10.1007/s11623-011-0009-y

The European Parliament and the Council of the European Union (2016): REGULATION (EU) 2016/679 OF THE EUROPEAN PARLIAMENT AND OF THE COUNCIL of 27 April 2016 on the protection of natural persons with regard to the processing of personal data and on the free movement of such data, and repealing Directive 95/46/EC

Wilkowska, W., Ziefle, M. & Himmel, S. (2015): Perceptions of personal privacy in smart home technologies: Do user assessments vary depending on the research method? In: Lecture Notes in Computer Science (including subseries Lecture Notes in Artificial Intelligence and Lecture Notes in Bioinformatics), 592–603, doi: 10.1007/978-3-319-20376-8_53

Zagler, W., Panek, P. & Rauhala, M. (2008): Ambient assisted living systems-the conflicts between technology, acceptance, ethics and privacy. In: Assisted Living Systems – Models, Architectures and Engineering Approaches. Online verfügbar unter http://drops.dagstuhl.de/opus/volltexte/2008/1454/pdf/07462.ZaglerWolfgang.Paper.1454.pdf (letzter Zugriff am 09.10.2017)

Teil III

Teil 3 greift übergreifende und interdisziplinäre Aspekte der technischen Assistenz für Menschen mit Hilfebedarf auf. Dabei werden ein Dialoginstrument zur Aushandlung ethischer und sozialgerontologischer Fragestellungen in AAL-Projekten, Erfahrungen zur interdisziplinären Kooperation in AAL-Projekten, und Ergebnisse zur Bedeutung von Technik in der Qualifizierungspraxis von Medizin und Pflege sowie in der pflegerischen Beratung dargestellt.

IDA in Dialogwerkstätten – Interdisziplinäre Schnittstellen zwischen strukturellen Anforderungen und technischer Innovation

Thematische Fokussierung: Berufliche Rehabilitation und technische Entwicklung eines Rollators für Personen mit Sehbeeinträchtigung

Cornelia Kricheldorff[a], Lucia Tonello & Stefanie Schmidt[a]

[a] Institut für Angewandte Forschung, Entwicklung und Weiterbildung, Katholische Hochschule Freiburg
Unter Mitarbeit von Andreas Wachaja in der Planung, Umsetzung und Ergebnisaufbereitung der dritten Dialogwerkstatt

Der Beitrag skizziert einerseits die Methode der Dialogwerkstätten, mit der im Projektverbund ZAFH-AAL gearbeitet wurde, um in einen multiperspektivischen Austausch der verschiedenen, im Projektverbund tätigen Personen und Professionen zu kommen. Andererseits wird beispielhaft aufgezeigt, wie in diesem Rahmen das ebenfalls in der Projektlaufzeit entwickelte interdisziplinäre Dialoginstrument zum Technikeinsatz im Alter (IDA) zum Einsatz kommt. Dabei dient die dritte von vier umgesetzten Dialogwerkstätten als ausführliches Beispiel. Diese beschäftigte sich mit dem Einsatz eines Rollators für Menschen mit Sehbeeinträchtigung in der beruflichen Rehabilitation.

1 ZAFH-AAL und das Dialoginstrument IDA

Das Dialoginstrument zum Technikeinsatz im Alter (IDA) wurde im Rahmen eines Meta- und Querschnittsprojekts des ZAFH AAL in der ersten Projektlaufzeit von den Projektbeteiligten an der Katholischen Hochschule

Freiburg (Cornelia Kricheldorff und Lucia Tonello) entwickelt. Es bildet eine fachliche Schnittstelle im Verbund und greift disziplinübergreifende Fragestellungen auf. Das Freiburger Teilprojekt hatte die verantwortliche Rolle für *„den Aufbau, die Ermöglichung und die Förderung des interdisziplinären und prospektiven Diskurses zwischen den Partner(inne)n aus den Sozialwissenschaften und den Kolleg(inn)en aus den Ingenieurswissenschaften"* (Kricheldorff und Tonello 2016, 29). Das zentrale Ergebnis der ersten Projektlaufzeit (2013-2015) ist die Entwicklung und Publikation von IDA, ein Instrument dessen Zielsetzung darin besteht, im Bereich Technik und Alter ein gut handhabbares Dialoginstrument für verschiedene Einsatzbereiche anzubieten. Dabei wird auch die im Teilprojekt lokalisierte, ethische Perspektive mit betrachtet. IDA stellt vor allem den partizipativen Ansatz in den Vordergrund. Die Anwendungsmöglichkeiten sind vielfältig und breit angelegt. Zum einen ist ein Einsatz innerhalb von Entwicklungsprozessen möglich, wie auch im ZAFH-AAL, um den interdisziplinären Dialog zu befördern. Aber auch in der Fachpraxis, etwa in Beratungskontexten für ältere Menschen und ihre Angehörigen, in der professionellen Pflege sowie im Sozialraum und im Quartier bieten sich vielfältige Anwendungsmöglichkeiten (ebd., 35 ff.).

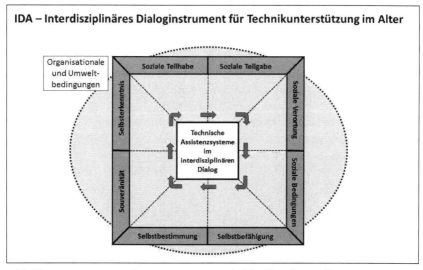

Abbildung 1: Die erste Ebene von IDA (Kricheldorff und Tonello 2016, 130).

Die Struktur von IDA teilt sich in zwei Ebenen auf. Auf der ersten Ebene befinden sich acht Themenfelder (Selbsterkenntnis, Soziale Teilhabe, Soziale Teilgabe, Soziale Verortung, Soziale Bedingungen, Selbstbefähigung, Selbstbestimmung und Souveränität). Diese Themen können zunächst für sich selbst bearbeitet werden, um dann auf der zweiten Ebene in Bezug zu verschiedenen Kontexten gesetzt zu werden. Die zweite Ebene unterteilt sich wiederum in drei Perspektiven, die relevante Umwelt-Kontexte (Soziale Umwelten, Organisation und Profession und Gesellschaftliche Rahmenbedingungen) mit spezifischen Fragestellungen abbilden und die, je nach Rahmen und Möglichkeiten einzeln oder auch komplett, in den Dialog mit aufgenommen werden sollten (ebd., 68f.).

2 Dialogwerkstätten unter Anwendung von IDA in verschiedenen Themenfeldern

Im Rahmen der zweijährigen Verlängerungsphase im Projekt konnten vier Dialogwerkstätten innerhalb des Teilprojekts *Schnittstelle Gesellschaft – Technik – Person aus ethischer und (sozial)gerontologischer Perspektive (GeTep)* realisiert werden. Die dafür entwickelte Methode der Dialogwerkstatt kam in den vier Dialogwerkstätten in ihrer konkreten Umsetzung dabei unterschiedlich zum Einsatz – je nach Themenstellung angepasst und unterschiedlich variiert. Ziel war es, die Ergebnisse der Dialogwerkstätten in reflexiven Schleifen wieder in den interdisziplinären Austausch einfließen zu lassen und so Synergieeffekte zwischen den Teilprojekten im Rahmen des ZAFH-AAL, aber auch mit weiteren Projekten der kooperierenden Hochschulen entstehen zu lassen. Ein weiteres Anliegen war es, den transdisziplinären Austausch mit Vertreter(inne)n aus der Praxis zu ermöglichen. In der methodischen Ausgestaltung variierten die Dialogwerkstätten zwischen dem Einsatz von Dialoginseln, an denen die Projektpartner(innen) direkt in ein Gespräch kommen konnten und ihre Ergebnisse direkt an den Pinnwänden notierten, bis hin zur stringenten Nutzung des Dialoginstrumentes IDA und dem Einbezug seiner Themenfelder und Ebenen.

Die erste Dialogwerkstatt befasste sich mit der Thematik von AAL-spezifischen ethischen Fragestellungen. Fokussierte Themen waren hierbei Datenschutz als ethische Norm, Vulnerable Person, Proband, Kunde in Bezug zu Freiheit sowie Sicherheit. Diese Themen wurden in dieser ersten Dialogwerkstatt verbundintern durchgeführt. Die zweite Dialogwerkstatt befasste sich mit dem Einsatz technischer Hilfsmittel im Sozialraum. In Kooperation mit den Projektpartnerinnen des Steinbeis-Transferzentrums Sozialplanung, Qualifizierung und Innovation (STZ) Meersburg und Kolleg(inn)en der Hochschule Furtwangen wurden Praxispartner(innen) aus anderen Projektverbünden eingeladen. Mit Vertreter(inne)n der Stiftung Liebenau und des Fraunhofer Instituts in Stuttgart konnten Projekterfahrungen ausgetauscht und prospektive (auch sozialpolitische) Maßnahmen zur und für eine notwendige Umsetzung des Technikeinsatzes im Sozialraum festgehalten werden. In der dritten Dialogwerkstatt, die im folgenden Abschnitt noch ausführlicher dargestellt wird, wurde die Anwendung von IDA an einem Beispiel im Bereich der beruflichen Rehabilitation mit einem intelligenten Rollator umgesetzt. In Kooperation mit den Kollegen aus dem entsprechenden Teilprojekt der Universität Freiburg wurde hierfür eine Fallvignette erarbeitet und als Basis für den Einsatz von IDA herangezogen. Die vierte Dialogwerkstatt befasste sich mit dem Thema Technikeinsatz bei Menschen mit Behinderung. Hier diente die Entwicklung eines miniaturisierten Geruchssensors aus dem IMTEK Freiburg als Anwendungsbeispiel. Kooperierend mit den Projektpartner(inne)n des Steinbeis-Transferzentrums Sozialplanung, Qualifizierung und Innovation (STZ) Meersburg, die Begleitstudien hierzu durchführten, wurde von ersten Erkenntnissen ausgehend, bereichert durch Vertreter(innen) aus der Praxis, die Kernfragen der ersten Ebene von IDA bearbeitet.

3 Anwendungsbeispiel Dialogwerkstatt zum Thema berufliche Rehabilitation und Entwicklung eines Rollators für Personen mit Sehbeeinträchtigung

3.1 Setting der Dialogwerkstatt

Für die dritte Dialogwerkstatt wurde die dritte Perspektive der zweiten Ebene (Umwelt) des Instruments IDA zu Grunde gelegt. Diese beinhaltet die Perspektive der Organisation und Profession. Besonders betrachtet wurden dabei die Themenfelder (Ebene 1) Souveränität, Selbstbestimmung, Selbstbefähigung sowie Soziale Verortung. Anwendungsbeispiel war ein intelligenter Rollator für Personen mit Sehbeeinträchtigung und eventueller Gehbeeinträchtigung (siehe Kapitel *intelligente Navigationsunterstützung für wahrnehmungseingeschränkte Menschen* in diesem Band). Somit wurde

IDA hier im Rahmen eines konkreten Entwicklungsprozesses genutzt. Der Anwendungsbereich wurde in die berufliche Rehabilitation gelegt.

3.2 Fallvignette

Die dritte Dialogwerkstatt orientierte sich an folgendem Fallbeispiel (verkürzte Darstellung): Ein Mitarbeiter, 55 Jahre alt, der seit zehn Jahren in einem mittelständigen Betrieb arbeitet, erleidet während seiner Arbeitszeit einen Schlaganfall. Während der Reha-Maßnahme wird deutlich, dass er trotz seiner erworbenen Gehbehinderung in Kombination mit einer Sehbeeinträchtigung weiterhin im Betrieb arbeiten möchte, was nun auch von diesem unterstützt wird. Neben der Arbeitsplatzgestaltung wird auch die Sicherung der Mobilität in den Vordergrund gerückt. Als potenziell geeignet wird ein mit Vibrationssignal ausgestatteter „intelligenter Rollator" erachtet. Er dient sowohl als Stütze im Hinblick auf die Gehbehinderung als auch als technischer „Blindenhund", der in der Lage sein soll, blinde Menschen mit Gehbehinderung im Alltag zu unterstützen. Dabei soll der Benutzende durch die Signale der am Körper getragenen Vibrationsmotoren und einer zusätzlichen Audioausgabe zu der gewünschten Zielposition geführt und auf Objekte und potentielle Hindernisse in seiner Umgebung aufmerksam gemacht werden. Dem Unternehmen ist klar, auf wie vielen Ebenen der Einsatz dieses Hilfsmittels ihr Unternehmen tangiert. Eine Arbeitsgruppe (Nutzender, Techniker, Arbeitssicherheitsingenieur, Betriebsrat, Vertreter der HR-Abteilung, Vertreter des Gesundheitsmanagements etc.) soll sich aus den unterschiedlichen Perspektiven heraus mit der Anwendung des Rollators im Unternehmen befassen.

3.3 Ausarbeitung der Ergebnisse

Im Verlauf des Dialogs zum vorgestellten Fallbeispiel wurden die Punkte auf Metaplankarten gesammelt und entsprechend auf einer Pinnwand im Themenfeld fixiert. In der Nachbereitung wurden Karten markiert, die für die technische Perspektive besonders relevant sind. In einer ersten Strukturierung der Ergebnisse stellte sich immer deutlicher heraus, dass eine Anwendung des EFQM-Kriterienmodells eine geeignete Basis für die Strukturierung sein kann (EFQM 2012). In Anlehnung an das Modell konnte eine Strukturierung der erarbeiteten Aspekte in die Dimensionen Strategie, Kultur, Führung, Struktur, Prozesse und Mitarbeiter(innen) erfolgen. Aus den jeweils zu beachtenden Aspekten wurden Leitlinien erarbeitet, die im Sinne von Empfehlungen formuliert wurden, worauf ein Betrieb bei der Entwicklung eigener Leitlinien für den Einsatz von technischen Hilfesystemen im Betrieb unbedingt achten sollte. Einige der Aspekte konnten durch eine technische Antwort ergänzt werden, die für die Entwicklung von technischen Hilfesystemen jeweils relevant ist.

Exemplarisch werden nun ein paar dieser Aspekte dargestellt. In der Dimension der Kultur erfolgte die Zuordnung des Aspekts der Veränderungskultur. Gemeint ist an dieser Stelle eine Sicherung der Flexibilität im Sinne einer Charakterisierung des Betriebes. Hierfür kann die Regeldichte des Betriebes geprüft oder auch angepasst werden. Durch die erreichte Flexibilität entsteht die Möglichkeit einer flexiblen Anpassung an sich entwickelnde Bedarfe der Mitarbeiter(innen). Dadurch kann auf den hochindividuellen Verlauf von Krankheitsbildern eingegangen und die Arbeitsbedingungen und sein Umfeld angepasst werden. Aus der technischen Perspektive wird für diese geforderte Flexibilität mit einem modularen Design der technischen Lösung geantwortet. Ein weiterer Aspekt innerhalb der Dimension von Kultur ist die soziale Interaktion. Sowohl in Arbeitsprozessen als auch in den Traditionen der Mitarbeiter(innen) ist soziale Interaktion notwendig und muss daher berücksichtigt werden. Beispiele für Punkte, die diesen Bereich tangieren, sind gemeinsame Pausen oder auch Kommunikationswege. Auf technischer Seite ist an dieser Stelle die Möglichkeit der Unterscheidung von Personen und festen Hindernissen anzu-

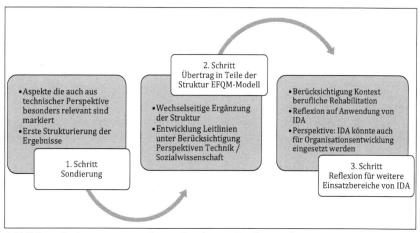

Abbildung 2: Auswertungsschritte der dritten Dialogwerkstatt.

streben. Der Aspekt der sozialen Interaktion wurde auch der Dimension der Mitarbeiter(innen) zugeordnet. Schließlich können Lösungsstrategien auch durch kollegiale Interaktion gelingen. In der Dimension der Struktur wurden bspw. die räumlichen Verhältnisse verortet. In der Raumplanung sollte eine entsprechende Barrierefreiheit sichergestellt werden.

Auch hier ist eine Flexibilität für den Fall eines Technikeinsatzes von großem Vorteil. Dabei ist auch eine Berücksichtigung von Arbeitsabläufen notwendig, um auch hier gegebenenfalls Anpassungen vornehmen zu können. Im Aspekt der räumlichen Verhältnisse kommen mehrere Aspekte hinzu, die in der technischen Entwicklung berücksichtigt werden müssen. Ideal wäre eine Berücksichtigung bereits in der Bauplanungsphase, um entsprechend viel Raum für den Einsatz eines technischen Hilfsmittels einzuplanen. Außerdem sollte berücksichtigt werden, welche Bereiche mit dem Rollator zugänglich sein sollen oder müssen. Entsprechend könnten bereits Sensoren oder eine Ladeinfrastruktur mitgeplant werden. Letztlich steht hier aber die Anpassung des Hilfsmittels im Vordergrund, um im Betrieb so wenig Anpassungen wie möglich umsetzen zu müssen, da dies sonst eine höhere Einstiegshürde darstellt. Dies sind nur exemplarische Beispiele aus den Ergebnissen dieser Dialogwerkstatt, um die Bandbreite des Ertrages zu verdeutlichen.

3.4 Erkenntnisse aus der Dialogwerkstatt zum Thema berufliche Rehabilitation und technischer Entwicklung

Aus den exemplarisch dargestellten Ergebnissen der dritten Dialogwerkstatt geht hervor, wie Schnittstellen im interdisziplinären Dialog verdeutlicht werden können, die in die weitere Entwicklung der verschiedenen Perspektiven eingewoben werden können. In diesem Beispiel wird auch deutlich, wie technische und organisationale Entwicklungen beim Arbeitgeber einer Person mit erworbener Behinderung miteinander verwoben werden müssen. Dabei konnten, ausgehend von der Perspektive 3/ Ebene II – Organisation – Profession, nicht nur relevante Aspekte erarbeitet werden, die die strukturelle Ebene tangieren. Es ging vielmehr auf der Individualebene konkret darum, die Anliegen der Beschäftigten in den Blick zu nehmen, wie bspw. die soziale Interaktion während der Arbeitszeit. Dies macht deutlich, in wieweit hier nicht nur die Planung von Strukturen, sondern auch die Kultur eines Betriebes zum Tragen kommen und auch auf technischer Ebene mitgedacht werden kann und muss, um die soziale Teilhabe an dieser Stelle wiederum sicher zu stellen. Somit zeigt sich, dass der interdisziplinäre Dialog als Mehrwert auch in der Organisationsentwicklung, mit Blick auf die Umsetzung von Inklusion, sinnvoll eingesetzt werden kann und sollte. Aus den Ergebnissen wurde deutlich, wie vielschichtig die Einflüsse auf die Betriebe sind und wie viele Bereiche durch den Einsatz einer technischen Lösung berührt werden. Es zeigt sich aber auch, dass viel Engagement von Seiten der Unternehmensführung für die konsequente Umsetzung erforderlich ist.

Aus der technischen Perspektive (Entwicklung) bestand der Mehrwert dieser Dialogwerkstatt in der Betrachtung der verschiedenen Perspektiven, einerseits durch die vorgegebenen Themenfelder von IDA, andererseits auch durch die Diversität der Diskussionsteilnehmenden. Deutlich wurde, dass es kaum möglich ist mit einer technischen Entwicklung alle Bedarfe abzudecken, da aus jedem unterschiedlichen Einsatzszenario verschiedene Herausforderungen und Anforderungen an das technische System gestellt werden. Der bereits verfolgte Ansatz einer modularen und damit austauschbaren Hard- und Softwarelösung wurde durch die Dialogwerkstatt bestätigt. Dadurch wären die einzelnen Komponenten austauschbar und flexibler in ihrem Einsatz. Eine weitere wesentliche Erkenntnis in dieser Perspektive lag im Bereich der sozialen Interaktion. Im angeführten Beispiel wurde dies durch eine gemeinsame Betriebsbegehung von Mitarbeitern verdeutlicht. Die Konsequenz in der Entwicklung liegt nun darin, eine Unterscheidung in der Erkennung zwischen regulären Hindernissen im Raum und den sich im Raum bewegenden Menschen zu ermöglichen.

Strategie	Zielsetzung	• Inklusive Betriebskultur
	Leitlinien	• Kommunikation der inklusiven Betriebskultur über Leitbild
	Umfeld	• Intern: gesamter Betrieb als Umwelt • Extern: soziale Verantwortungsübernahme
Kultur	Veränderungs-kultur	• Flexibilität • Reaktion auf wechselnde Bedarfe • Modulares technisches Design
	Leitbild	• Veränderungskultur in Leitbild aufnehmen
	Zeit	• Wertschätzung von Geschwindigkeit • Kurze Warte- und Ladeintervalle
	„Lobbyarbeit"	• Mitarbeitersensibilisierung • Selbsterfahrung der Mitarbeiter mit technischen Hilfsmitteln anbieten
	Soziale Interaktion	• Traditionen zwischen Mitarbeitern • Kommunikationswege • System unterscheidet zwischen Person/Hindernis
Führung	Veränderungs-prozesse	• Unsicherheiten zu Behinderungen und technischen Möglichkeiten
	Arbeits-sicherheit	• Einbezug Verantwortlicher zu Arbeitssicherheit • Technisches System als Beitrag zur Arbeitssicherheit
Struktur	Aufbau & Ablauf	• Gestaltung von Abläufen • Arbeitsschritte anpassen • Team mit einbeziehen
	Räumliche Verhältnisse	• Flexible Raumgestaltung • Barrierefreiheit sicherstellen • Erschließung von Bereichen mit Sensoren, Kartierung und Ladestationen
Prozesse	Gestaltung von Prozessen	• Prüfen und gestalten von Prozessabläufen
	Zeit	• Geschwindigkeit bei Nutzung eines technischen Hilfesystems berücksichtigen
	Lenkung von Prozessen	• Aufgrund Prozessveränderung ggf. stärkere Lenkung durch Führung zu Beginn
	Art der Koordination	• Kompetenzen im Team mit Wissen zum Einsatz technischer Hilfsmittel entwickeln • Lösungen für Ausfall (z.B. durch Notfall) des technischen Hilfsmittels sicherstellen
Mitarbeiter	Person	• Rücksicht auf Achtung und Würde • Gefahr der Stigmatisierung • Klarheit zu Möglichkeiten und Grenzen der Technik schaffen (Technikillusion)
	Wissen & Fähigkeit	• Schulung von Kollegen • Leistungsfähigkeit und Beurteilung
	Personal-planung	• Einbindung von Mitarbeitern • Zusatzverantwortung bei einzelnen Kollegen für techn. Probleme
	Verhalten & Einstellung	• Identifikation und Motivation soll durch Wertschätzung der Kompetenz des Einzelnen gefördert werden
	Soziale Integration	• Lösungsmöglichkeiten durch soziale Interaktion berücksichtigen • Erhaltung von Traditionen anstreben

Abbildung 3: Reduzierte Übersicht der Ergebnisse der dritten Dialogwerkstatt.

4 Zusammenfassung der Ergebnisse der Dialogwerkstätten

Die erste Dialogwerkstatt brachte vor allem die Rechte aller Beteiligten zur Sprache. Die vielen Perspektiven, die bei ethischen und sozialen Fragestellungen beachtet und respektiert werden müssen, wurden dabei sehr deutlich. Das gilt sowohl in Bezug auf relevante Aspekte zum Datenschutz, als auch in Bezug auf das Thema Vulnerabilität. Die zweite Dialogwerkstatt zum Thema Sozialraum ergab, dass die sozialpolitische Ausrichtung für Erfolg und Scheitern des Ansatzes an und für sich, als auch für die Nachhaltigkeit der einzelnen Projekte fundamental ist. Das bedeutet auch eine klare Linie in Bezug auf gesellschaftliche Realitäten. Im Fokus ist dabei vor allem die Bürgergesellschaft, geprägt von Verantwortungsübernahme, wie auch die Verantwortung eines gewachsenen Sozialstaates, der seine mitprägende und verantwortliche Rolle wahrnimmt. Im Sinne des Subsidiaritätsprinzips ist es die Aufgabe des Staates, Rahmenbedingungen zu schaffen, die die Umsetzung einer selbstbefähigten (sowohl im Sinne des einzelnen als auch in seiner Gemeinschaft lebenden Individuums) Gesellschaft ermöglicht. Dafür müssen zwingend Räume der Mitbestimmung, der Partizipation und somit der weitgefassten Sozialen Teilhabe und Teilgabe geschaffen werden. Diese jedoch benötigen unbedingt ein festes Fundament und klare Rahmenbedingungen. Unsere Aufgabe ist es also, neben der Befähigung der Bürger zum ehrenamtlichen Engagement und damit des Öfteren auch zum „qualifizierten Engagement" gerade für besondere Lebenssituationen (Pflege, Demenz, …), auch professionelle Strukturen zu schaffen, die als Stütze und Fundament sowohl die Sicherung der Idee, als auch die Kontinuität beteiligter Personen gewährleisten. Sowohl auf Basis des reichen Erfahrungsschatzes aus Sozialraumprojekten als auch auf Basis von Untersuchungen zum Verhalten von Bürgerinnen und Bürgern in Bezug auf freiwilliges Engagement ist dies unverzichtbar – zunächst immer primär im Sinne einer Befähigung, aber auch eines Supports und der grundlegenden Verantwortung. Aus der ausführlicher dargestellten dritten Dialogwerkstatt gingen Leitlinien und Aspekte hervor, die ein Arbeitgeber beim Einsatz eines technischen Assistenzsystems auf den verschiedenen Ebenen berücksichtigen sollte. Hieraus wird deutlich, dass auch das Thema Inklusion als gesellschaftlich relevant bei den Betrieben ankommen muss und durch einen interdisziplinären Dialog vorangebracht werden kann, um die damit einhergehende Verantwortung in Bezug auf Chancengleichheit zu übernehmen. Aus der vierten Dialogwerkstatt ging hervor, wie stark auch die individuelle Beziehungsebene der Menschen mit Behinderung bei der Entwicklung von assistiven Technologien mitgedacht werden muss.

Es zeigt sich, dass in allen Perspektiven und Richtungen die Technik keinesfalls als Dominanz auftritt. In allem wird sie als „praktische" Unterstützung gedacht, die gegebenenfalls (Kommunikations-)Wege vereinfachen kann. Gleichzeitig werden aber auch die Komplexität und die vielen Schnittstellen beim Einsatz von assistiven Technologien bei Personen mit Hilfebedarf deutlich. Umso wichtiger scheint der Einbezug unterschiedlicher Expertisen, welche letztlich auch durch den Einbezug des Dialoginstrumentes IDA zielführend gestaltet werden kann.

5 Ausblick

Im Fallbeispiel der dritten Dialogwerkstatt wurde auch der Einbezug der Endnutzenden in den Dialog mitgedacht, wie es auch in IDA vorgesehen ist (Kricheldorff und Tonello 2016, 37). Zwar ist der Einbezug zunächst nur hypothetisch formuliert, von einer deutlichen Bereicherung der Ergebnisse in der Praxis ist aber auszugehen. Auch Friedhof (2017, 190) stellt die Zunahme der Nutzereinbindung in der partizipativen Technikentwicklung deutlich heraus. Aber auch schon die aktive Teilnahme am Dialog auf Organisationsebene (vierte Dialogwerkstatt) der Einrichtungen, in denen bspw. die Endnutzenden leben, bereicherte die Vielschichtigkeit der Erkenntnisse aus dem Dialog heraus.

In IDA werden die Bereiche Entwicklung, Beratung von älteren Menschen und ihren Angehörigen, Praxis der professionellen Pflege sowie Sozialraum und Quartier aufgeführt (Kricheldorff und Tonello 2016, 37 ff.). In Anbetracht der dargestellten Ergebnisse der dritten Dialogwerkstatt mit dem Themenfeld der beruflichen Rehabilitation kann davon ausgegangen werden, dass die Einsatzbereiche über den Technikeinsatz im Alter sicherlich auf den Rehabilitationsbereich für weitere Altersgruppen ausgeweitet werden können. Betrachten wir die Entwicklung der fortschreitenden Dezentralisierung der Komplexeinrichtungen in der Behindertenhilfe in den letzten Jahren, lässt sich an dieser Stelle ein großes Potential für Dialogbedarfe mit den Nutzenden und Entwickler(inne)n annehmen. Schließlich greifen die acht Felder von IDA (Soziale Teilhabe, Soziale Teilgabe, Soziale

Verortung, Soziale Bedingungen, Selbstbefähigung, Selbstbestimmung, Souveränität und Selbsterkenntnis) nicht nur für Menschen mit Beeinträchtigung im Alter, sondern sind in allen Lebensphasen von Bedeutung. Bleiben wir bei der Weiterentwicklung von Organisationen, dann sind diese besonders gefordert sich zukunftsfähig aufzustellen und auch in diesem Sektor die fortschreitenden technologischen Möglichkeiten mitzudenken. Um auch hier sämtliche Perspektiven in die Planungen miteinfließen zu lassen, könnte ebenfalls das Dialoginstrument IDA an dieser Stelle sinnvoll eingesetzt werden. Ein Einsatz von IDA ist auch zur Planung im Bereich der beruflichen Rehabilitation denkbar. Ausgehend vom Fallbeispiel der dritten Dialogwerkstatt bleibt hinsichtlich der Inklusion in den ersten Arbeitsmarkt von Menschen mit Behinderung noch viel zu tun und es scheint noch Lücken in der Ausschöpfung der Möglichkeiten von assistiven Technologien am Arbeitsplatz sowie deren Erforschung zu geben (Smeaton et al. 2015, 371).

Aus den Ergebnissen der dritten Dialogwerkstatt sind aber auch die besonderen Herausforderungen auf Ebene der Organisationen beim Einsatz von assistiven Technologien besonders gut ableitbar. Im Beispiel wurde Bezug auf einen Betrieb auf dem allgemeinen Arbeitsmarkt genommen. Unter dem Aspekt der Teilhabe am Arbeitsleben eröffnet sich hier ein breites Feld der noch nicht ausgeschöpften Möglichkeiten. Aus der Forschung in diesem Bereich wird deutlich, wie groß die Unsicherheiten bei potenziellen Arbeitgebern sind, mitunter durch ein undurchsichtiges Unterstützungssystem verursacht. So bestehen häufig Unklarheiten über mögliche Förderungen und Beratungen (Kardorff et al. 2013, 88). Für den weiteren Einsatz von IDA in diesem Feld könnte auch der Einbezug der entsprechenden Fachstellen, wie der Integrationsfachdienst oder der Reha-Abteilung der Agentur für Arbeit, zielführend sein. Kardorff et al. führen in ihrer Expertise auch die positiven Auswirkungen auf die Unternehmenskultur von Betrieben auf, die Menschen mit Behinderung beschäftigen. Hierfür sind auch strategische Planungen und ein großes Engagement notwendig (ebd., 120). Diese besonderen Herausforderungen wurden in den Ergebnissen der dritten Dialogwerkstatt deutlich und decken sich somit mit den Aussagen aus der Forschung. Die zahlreichen Anforderungen, die an Betriebe gestellt werden, können somit als Prozess der Organisationsentwicklung begriffen werden, um alle Ebenen entsprechend zu berücksichtigen. Im Dialog mit Expert(inn)en aus den verschiedenen Fachrichtungen werden Herausforderungen deutlich, aber auch die Chance wird sichtbar, durch den gemeinsamen Austausch neue Lösungsansätze zu entwickeln. Im Rahmen der zunehmenden Komplexität der verfügbaren Leistungen und Angebote kann ein interdisziplinärer und strukturierter Dialog eine große Stütze auf dem Weg der Umsetzung von Inklusion auf den allgemeinen Arbeitsmarkt bedeuten und somit auch die gesellschaftliche Entwicklung und Übernahme der Verantwortung ermöglichen.

Perspektivisch könnte auch eine Bearbeitung dieser Fragestellungen im Bereich der Wohlfahrtspflege denkbar sein. Im Rahmen der vierten Dialogwerkstatt wurde auch deutlich, dass Einrichtungen in diesem Sektor perspektivisch planen, um sich für neue Technologien – auch in den anderen Lebensbereichen wie bspw. Wohnen und Freizeit – bereit zu halten. Die dargestellten Erkenntnisse verdeutlichen, welch großes Einsatzpotential im vorgestellten Dialoginstrument IDA verborgen ist, das bislang erst in Ansätzen erschlossen werden konnte. Es wird aber auch klar sichtbar, dass noch ein sehr umfänglicher interdisziplinärer Forschungsbedarf im Kontext der technischen und organisationalen Unterstützung von Menschen mit Hilfebedarf besteht, der sich auf verschiedene Lebensbereiche und Lebensphasen bezieht. Das Instrument IDA und der methodische Ansatz der Dialogwerkstätten sind dabei hilfreiche Planungs- und Analysetools, um den interdisziplinären Dialog voranzubringen.

6 Literaturverzeichnis

EFQM (2012) Das Kriterienmodell. Online abrufbar unter http://www.efqm.de/kriterienmodell.html (letzter Zugriff am 26.09.2017)

Friedhof, S. (2017): Partizipative Entwicklung technischer Assistenzsysteme. Umsetzung und Erfahrungen aus dem Projekt „KogniHome". In: Hagemann, T. (Hrsg.): Gestaltung des Sozial- und Gesundheitswesens im Zeitalter von Digitalisierung und technischer Assistenz. Baden-Baden: Nomos, 187-206

Kardorff, E.v., Ohlbrecht, H. & Schmidt, S. (2013): Zugang zum allgemeinen Arbeitsmarkt für Menschen mit Behinderungen. Expertise im Auftrag der Antidiskriminierungsstelle des Bundes. Berlin: Antidiskriminierungsstelle des Bundes. Online abrufbar unter http://www.antidiskriminierungsstelle.de/SharedDocs/Downloads/DE/publikationen/Expertisen/Expertise_Zugang_zum_Arbeitsmarkt.pdf?__blob=publicationFile (letzter Zugriff am 26.09.2017)

Kricheldorff, C. & Tonello, L. (2016): IDA. Das interdisziplinäre Dialoginstrument zum Technikeinsatz im Alter. Lengerich: Pabst Science Publishers

Smeaton, S., Horbach, A. & Behrens, J. (2015): Erkenntnisse im Rahmen einer Fallidentifikation im Projekt zur Arbeitsplatzgestaltung bei Menschen nach Schlaganfall. In: Pflege & Gesellschaft, 20(4), 362-373

Technikgestaltung und interdisziplinäre Entwicklungsprozesse im AAL-Kontext

Christophe Kunze & Jennifer Müller

Institut Mensch, Technik und Teilhabe (IMTT), Hochschule Furtwangen

Für die Technikgestaltung im Kontext des Ambient Assisted Livings (AAL) wird eine interdisziplinäre Auseinandersetzung in der Regel vorausgesetzt. Damit verbunden wird der Anspruch formuliert, Fragestellungen zu Nutzerbedürfnissen und Nutzerakzeptanz, zu ethischen, rechtlichen und sozialen Fragestellungen oder auch zu ökonomischen Aspekten in Projekte zur Technikentwicklung zu integrieren. In der Forschungspraxis bestehen bei Umsetzung dieses Ziels allerdings erhebliche Barrieren und Herausforderungen. Bisher gibt es in der wissenschaftlichen Literatur kaum konkrete Empfehlungen zu Vorgehensmodellen, Forschungsansätzen oder Methoden im AAL-Kontext. Ziel des Beitrags ist es daher, Erkenntnisse und Erfahrungen zur Technikgestaltung und dabei insbesondere zur interdisziplinären Kooperation in Forschungs- und Entwicklungsprojekten zu untersuchen.

1   Einführung

Für die Technikgestaltung im Kontext des Ambient Assisted Livings (AAL) wird eine interdisziplinäre Auseinandersetzung in der Regel vorausgesetzt und betont, dass eine erfolgversprechende Entwicklung von Technik (d.h. Entwicklung von Technik, die von Nutzenden auch akzeptiert wird und ihren Bedürfnissen entspricht) neben einer Beteiligung verschiedener wissenschaftlicher Perspektiven (z.B. aus technischen, medizinischen, pflege- und gesundheitswissenschaftlichen, ökonomischen oder sozialwissenschaftlichen Disziplinen) auch eine umfassende Einbindung von Nutzenden erfordert. Seitens des Bundesministeriums für Bildung und Forschung wurde hierzu der Ansatz der integrierten Forschung (BMBF 2013) formu-

101

liert. Dieser formuliert den Anspruch, Fragestellungen zu Nutzerbedürfnissen und Nutzerakzeptanz, zu ethischen, rechtlichen und sozialen Fragestellungen oder auch zu ökonomischen Aspekten nicht in Form von Begleitforschungsprojekten getrennt von technischen Forschungsarbeiten zu behandeln, sondern deren Bearbeitung von Beginn an in Entwicklungsprojekte zu integrieren.

In der Forschungspraxis bestehen bei Umsetzung dieses Ziels allerdings erhebliche Barrieren und Herausforderungen, beispielsweise in der Aushandlung von Forschungszielen und -methoden, in der Planung und Synchronisierung von Forschungsaktivitäten, oder auch in Bezug auf die Balance zwischen Theorie- und Praxisorientierung. In den meisten Projekten im AAL-Kontext werden keine Erfahrungen zum methodischen Vorgehen (z.B. bei der Einbindung von Nutzenden) oder zu Aspekten der interdisziplinären Kooperation publiziert. Vielfach sind jedoch erhebliche Barrieren und Herausforderungen in der interdisziplinären Zusammenarbeit beobachtbar, die sich nicht zuletzt in Unzufriedenheit einzelner Akteure mit Projektergebnissen äußern. Bisher gibt es in der wissenschaftlichen Literatur kaum konkrete Empfehlungen zu Vorgehensmodellen, Forschungsansätzen oder Methoden. Ziel des Beitrags ist es daher, Erkenntnisse und Erfahrungen zur Technikgestaltung in den Anwendungsfeldern Teilhabeförderung im Alter und bei Behinderung sowie Pflege und Betreuung und dabei insbesondere zur interdisziplinären Kooperation in Forschungs- und Entwicklungsprojekten zu untersuchen.

2 Methodik

Zur Bearbeitung der Fragestellung wurden zunächst im Rahmen einer explorativen Literaturarbeit aktuelle Befunde aus der Pflegewissenschaft, den gestaltungsorientierten Technikwissenschaften und den Science and Technology Studies recherchiert, die sich mit interdisziplinären Entwicklungsprojekten im AAL-Kontext und Einflussfaktoren auf die Technikgestaltung auseinandersetzen. Im Rahmen der Analyse wurden daraus Ergebnisse zur Motivation der Technikgestaltung, zur Identifikation von Anwendungsfeldern, zur theoretischen Fundierung der Arbeiten, zur Verankerung in der Anwendungspraxis sowie zu konkreten Entwicklungsmethoden und Vorgehensmodellen extrahiert. Eine umfassende Darstellung und Diskussion der Ergebnisse findet sich in Kunze (2017). In einem zweiten Schritt wurden qualitative, leitfadengestützte Interviews mit wissenschaftlichen Projektbeteiligten aus verschiedenen AAL-Projekten durchgeführt. Dabei wurden gleichermaßen Beteiligte mit sozialwissenschaftlicher und technikwissenschaftlicher Perspektive befragt. Insgesamt wurden acht telefonische Einzelinterviews geführt. Ein Interview dauerte ca. 50 Minuten. Die Interviews wurden aufgezeichnet, transkribiert und in Anlehnung an die qualitative Inhaltsanalyse nach Mayring mit dem Softwarewerkzeug MAXQDA analysiert. Die Kategorienbildung erfolgte dabei sowohl deduktiv als auch induktiv.

3 Technikgestaltung für die Anwendungsfelder Pflege und Teilhabeförderung – Ergebnisse aus der Literaturanalyse

3.1 Motivation der Technikgestaltung und Identifikation von Anwendungsfeldern

Die Forschungsaktivitäten im AAL-Umfeld sind zu einem großen Teil durch die Förderpolitik (sowohl auf nationaler als auch auf europäischer Ebene) motiviert und geprägt. Zur Motivation der Technikentwicklung werden dazu in der Regel Betrachtungen von sozialpolitischen Herausforderungen angeführt, die mit dem demographischen Wandel einhergehen (Greenhalgh et al. 2012). Typische Beispiele hierfür sind Prognosen zur steigenden Anzahl von Pflegebedürftigen und zum zu erwartenden Fachkräftemangel in der Pflege. Die dabei dominierende, gesellschaftliche Herausforderungen betonende, Rhetorik beeinflusst zweifelsohne Forschungsziele von Projekten im AAL-Umfeld. Aus dieser Rahmung ergeben sich häufig Konflikte mit der Anwendungspraxis. So wird Technik z.B. häufig als Möglichkeit gesehen, die „Produktivität in der Pflegearbeit zu steigern" (vgl. Hielscher et al. 2015). Von Pflegenden wird eine solche Betrachtung als problematisch empfunden, da sie eine weitere Verdichtung der Pflegearbeit befürchten. Vor diesem Hintergrund empfehlen verschiedene Autoren, Technikgestaltung für die Pflege anders zu rahmen und Betrachtungen zu Chancen des Technikeinsatzes für eine Verbesserung der Qualität der Pflege und der Lebensqualität der Gepflegten in den Mittelpunkt stellen (Mort et al. 2012, Fitzpatrick et al. 2015).

Förderpolitische Rahmenbedingungen haben auch einen großen Einfluss auf die Identifikation von Anwendungsfeldern für Technikentwicklungsprojekte. In den meisten Fällen sind der Anwendungskontext und die für die Entwicklung zugrunde gelegten Technologien schon vor Beginn eines Projektes definiert, während die eigentliche Bedarfsanalyse erst im Rahmen des Projektes durchgeführt wird. Ein solche „Technology Push" Perspektive schränkt die Möglichkeit der Orientierung an Bedarfslagen ein und kann zu einer Pfadabhängigkeit der Projekte führen (Decker und Weinberger 2015, Compagna und Kohlbacher 2015). Eine den Projekten vorgelagerte Bedarfsanalyse aus einer „Demand Pull" Perspektive ist in der Regel nicht vorgesehen. Dies ist sicher einer der Gründe dafür, dass entsprechende Entwicklungsprojekte als technikgetrieben wahrgenommen werden und kann dazu führen, dass deren Ergebnisse an den Bedarfen der Anwendungsfelder vorbeigehen (Elsbernd et al. 2015). Grundsätzlich kann festgestellt werden, dass viele Forschungsaktivitäten komplexe universelle „Gesamtsysteme" als Zielvision verfolgen und dementsprechend eine starke Orientierung an damit verbundenen technischen Aspekten (z.b. Interoperabilität von Systemen) aufweisen. In jüngerer Zeit werden allerdings verstärkt Projekte angestoßen, in denen die Initiierung von technikgestützten Versorgungsprozessen in der Praxis und die Evaluation der Auswirkungen des Technikeinsatzes im Vordergrund stehen.

3.2 Theoretische Fundierung

Der Begriff Ambient Assisted Living oder aktives assistiertes Leben (AAL) ist nur unzureichend definiert und abgegrenzt. Unter diesem Sammelbegriff werden vielfältige Forschungsaktivitäten zusammengefasst, die Menschen mit Hilfebedarf im Alltag zu mehr Lebensqualität verhelfen sollen. Dabei werden in Entwicklungsprojekten häufig verschiedene Zielgruppen (Familien, Menschen mit Behinderungen, „fitte" ältere Menschen, Pflegebedürftige) und Anwendungsbereiche (z.B. Komfort, Unterstützung im Alltag, Energieeinsparungen) vermischt. Während dies aus ökonomischen Überlegungen bei der Umsetzung in Produkte sinnvoll sein kann (siehe z.B. die häufig beschriebene „mitalternde Wohnung"), erschwert diese undifferenzierte Betrachtung die Herstellung von Bezügen zu konkreten Anwendungskontexten ebenso wie eine theoretische Fundierung der Arbeiten. Krings und Weinberger (2017) weisen darauf hin, dass eine assistierende Funktion überhaupt erst in Bezug auf eine eindeutige Nutzergruppe und einen klaren Bezugsrahmen bestimmt werden kann. Im wissenschaftlichen Diskurs zu technischen Assistenzsystemen können mindestens vier verschiedene Forschungsströmungen unterschieden werden, die sich in der primären Betrachtungsperspektive des Technikeinsatzes und in ihrer Bezugswissenschaft unterscheiden (für eine detaillierte Darstellung dazu siehe Kunze und König (2017)). Dazu zählen zum einen Projekte, die sich orientiert am biomedizinischen Gesundheitsmodell mit diagnostischen oder therapeutischen Funktionen auseinandersetzen und somit der Medizintechnik zuzuordnen sind. Weniger eindeutig abgegrenzt sind die in den Rehabilitationswissenschaften verankerten *Assistive Technologies*, die den Technikeinsatz im Kontext von Behinderung und Teilhabe betrachten (siehe z.b. Hersh/Johnson 2008), der Bereich der *Pflegetechnik*, der sich mit Technikeinsatz bei Pflegebedürftigkeit sowie in Pflege und Betreuung auseinandersetzt (siehe z.B. Kunze 2017), sowie der Bereich *Gerontechnology*, in dem aus der Perspektive der sozialen Gerontologie die Techniknutzung im Alter sowie die Förderung von Teilhabe und Selbstbestimmtheit betrachtet werden (siehe z.b. Schulz et al. 2015).

In vielen technisch orientierten Forschungs- und Entwicklungsprojekten wird kein expliziter Bezug zu einer der oben genannten wissenschaftlichen Disziplinen hergestellt. In der Konsequenz fehlt häufig auch eine Fundierung der Projekte an etablierten Theorien, Modellen und Erkenntnissen aus den Anwendungsfeldern. Damit lassen sich die in der pflege- und sozialwissenschaftlichen Literatur zum Teil beklagten Fehlorientierungen von Forschungsprojekten erklären. So wird beispielsweise eine starke Fokussierung auf Funktionsfähigkeiten und -defize älterer Menschen (Peine et al. 2014; Compagna und Kohlbacher 2015), eine Vernachlässigung der Auswirkungen technischer Systeme auf die Interaktion zwischen Pflegenden und Gepflegten oder auch eine zu starke Orientierung am biomedizinischen Gesundheitsmodell (Peine et al. 2014; Blackman et al. 2016) moniert.

3.3 Vorgehensmodelle und Entwicklungsmethoden

Im Einklang mit dem Konzept der „Integrierten Forschung" werden in Forschungsprojekten im AAL-Kontext neben Forschungsarbeiten zur Entwicklung technischer Funktionalitäten in der Regel auch Forschungsaktivitäten vorausgesetzt, welche die Untersuchung von Bedarfen und Anforderungen der Nutzenden zum Ziel haben. Entsprechende Methoden und Vorgehensmodelle haben sich unter Begriffen wie Nutzerzentriertes Design (User-centered Design, siehe Norman et al. 1986), User Experience Design, Scenario-Based Design (Rosson und Caroll 2009) oder auch partizipative Gestaltung (Participatory Design, siehe Kensing et al. 1998) etabliert. Neben Fragestellungen der individuellen Mensch-Maschine-Interaktion werden dabei in zunehmenden Maße auf Fragen der Einbettung technischer Systeme in soziale Kontexte mit den damit verbundenen Rollenbeziehungen, Interessensgeflechten, Kulturen und Aneignungsprozessen betrachtet (Wulf et al. 2015a, Wulf et al., 2015b). Auch für die Berücksichtigung ethischer Aspekte in Gestaltungsprozessen sind (bisher allerdings weniger verbreitete) Ansätze wie das Value-Centered Design (Friedman 1996; Friedman et al. 2006) verfügbar.

Die genannten methodischen Ansätze bieten im Prinzip einen guten Rahmen für bedarfsgerechte Technikentwicklung. Allerdings sind die Ansätze in der industriellen Entwicklung noch kaum etabliert. Auch in akademischen Forschungskontexten werden die Ansätze zum Teil fehlerhaft oder unreflektiert eingesetzt. Ein typisches Beispiel hierfür ist die Nutzung von Szenariobeschreibungen als Austauscharteafkte in partizipativen Gestaltungsprozessen, die nicht auf der Auswertung von empirischen Daten basieren. Solche auf Vorannahmen beruhende Szenarien geben häufig falsche und stigmatisierende Altersbilder wieder und scheinen primär die Funktion zu haben, technische Möglichkeiten zu demonstrieren (vgl. Kühnemund 2015). Schlecht gestaltete partizipative Entwicklungsprozesse können so zu scheinbar empirisch begründeten, aber irreführenden Bedarfserhebungen führen (Compagna und Kohlbacher 2015). Eine weitere Problematik besteht darin, dass es häufig bei der Überführung von Bedarfserhebungen in konkrete Anforderungen an technische Systeme zu Brüchen kommt. Da bei der Konkretisierung und Priorisierung von Anforderungen auch technische und ökonomische Rahmenbedingungen berücksichtig werden müssen, kann es in dieser Phase leicht zu Verschiebungen von Entwicklungsprioritäten kommen. Um Ziel- und Interessenskonflikte zu vermeiden, ist daher eine explizite neutrale Moderation der Aushandlungsprozesse wünschenswert.

3.4 Verankerung in der Anwendungspraxis und Bedeutung von Aneignungsprozessen

Bei der Bewertung von AAL-Projekten wird häufig bemängelt, dass die dabei entwickelten technischen Lösungsansätze nur unzureichend unter realen Anwendungsbedingungen evaluiert werden. Die tatsächliche Implementierung und praktische Evaluation von technikgestützten Versorgungsprozessen ist aber für deren Verständnis im Gesundheitswesen von erheblicher Bedeutung, da Anwendungshürden und Aneignungsprozesse aus Beobachtungsstudien nur schwer vorherzusehen sind (Fitzpatrick et al. 2013: 639). Zudem weisen pflegewissenschaftliche Befunde darauf hin, dass ein erfolgreicher Technikeinsatz in der Pflegepraxis nicht allein aus gutem Design oder konzeptionellen Überlegungen heraus entsteht, sondern durch kontinuierliche Aneignungsprozesse und der Anpassung von Technikarrangements an die Pflegepraxis und umgekehrt (siehe z.B. Mol et al. 2010, Thygesen und Moser 2012, Pols 2017).

Peine et al. (2014) kritisieren in einer grundlegenden Analyse verschiedener Studien zur Gerontotechnik in diesem Kontext, dass sich nutzerzentrierte Entwicklungsprozesse zu stark auf die Erhebung von Bedarfen und Anforderungen in bestehenden Alltagspraktiken (von älteren Menschen) konzentrieren. Diese Betrachtung vernachlässige die Möglichkeiten der Veränderung bestehender Situationen durch Technik und die Bedeutung von Aneignungsprozessen ebenso wie die Möglichkeit einer kreativen Auseinandersetzung mit technischen Möglichkeiten. Im Kontext der gestaltungsorientierten Forschung zu soziotechnischen Systemen wird daher vorgeschlagen, bereits in frühen Projektphasen praktische Anwendungsstudien zur Untersuchung von Technikaneignungsprozessen („design case studies") durchzuführen (Wulff et al. 2015b, Müller 2014). Hierbei können an Stelle von speziell entwickelten Prototypen häufig flexibel anpassbare Standardsysteme (sogenannte „technology probes, siehe Hutchinson 2003) genutzt werden, deren Aneignung in der Praxis in der Regel mit ethnographisch inspirierten Methoden beobachtet und dokumentiert werden.

4 Hürden in interdisziplinären Entwicklungsprozessen – Ergebnisse der Interviews

Im Folgenden werden die Ergebnisse der Interviews mit an AAL-Projekten beteiligten Wissenschaftler(inne)n zu ihren Erfahrungen zur interdisziplinären Zusammenarbeit in den Projekten dargestellt.

4.1 Einstellung zur interdisziplinären Kooperation

Auf der einen Seite wird die interdisziplinäre Kooperation als Hürde wahrgenommen, auf der anderen Seite sehen viele Befragte gerade in diesen Herausforderungen auch einen besonderen Reiz solcher Projekte: *„(...) insofern sind diese Projekte nicht nur vom Output her interessant, sondern sie sind einfach auch von diesen interdisziplinären Konsortien und Settings her interessant.*" Ein gelingender Austausch hängt oft auch mit der persönlichen Haltung und Einstellung gegenüber anderen Disziplinen und den beteiligten Personen zusammen. Offenheit gegenüber den Projektpartner(inne)n und eine Kooperation auf Augenhöhe, aber auch persönliche Sympathie und das „sich aufeinander Einlassen" werden hierbei als Einflussfaktoren genannt: *„(...) das hat sehr gut funktioniert. (...) Es hat aber auch menschlich gepasst.*" Eine Befragte warf die Frage auf, inwiefern neben interdisziplinären Unterschieden auch Genderaspekte eine Rolle spielen könnten: *„(...) ich kenne immer nur Männer in diesen Kooperationen, aber da wusste ich gerne, ob das nicht auch was mit männlichem und weiblichem Denken zu tun hat.*"

Auch in den Interviews wurden die bereits in der Literatur beschriebenen Einflüsse förderpolitischer Strukturen und Vorgaben für die Kooperation in den Projekten genannt. Aussagen der Befragten deuten darauf hin, dass die interdisziplinäre Kooperation in vielen Fällen nicht durch Forschungsziele motiviert ist, sondern durch Vorgaben von Fördergebern „erzwungen wird". Wird in der Zusammenarbeit kein Mehrwert gesehen, führt dies im Projektverlauf natürlich zu Problemen, vor allem wenn diese Haltung nicht allen Projektpartner(inne)n bewusst ist: *„also ich meine es ist halt für Ingenieure oder vor allen Dingen für Naturwissenschaftler mittlerweile so gut wie unmöglich ohne eine Story im Hintergrund Mittel zu beantragen, das heißt man braucht immer ominöse Partner, die sagen, okay das können wir gebrauchen und so kommen ja diese Projekte zustande.*" Ebenfalls bezogen auf Förderstrukturen wurde betont, dass eine ernsthafte interdisziplinäre Auseinandersetzung Zeit und Ressourcen benötigt, die im Rahmen der Projekte weder bezogen auf die Förderdauer noch bezogen auf die Finanzierung ausreichend gedeckt werden.

4.2 Kommunikation zwischen Projektbeteiligten und gegenseitiges Verständnis

Das Verständnis für die Ziele und Vorgehensweisen anderer Disziplinen spielen in den Augen der Befragten eine wesentliche Rolle. Als eine wesentliche Hürde in der Zusammenarbeit werden unterschiedliche begriffliche Konventionen in den verschiedenen Disziplinen beschrieben („gemeinsame Sprache"). Dies betrifft zum einen Begrifflichkeiten aus den jeweiligen Gegenstandsbereichen, also zum Beispiel technische oder pflegerische Begriffe, zum anderen aber auch in den jeweiligen Disziplinen etablierte wissenschaftliche Methoden: *„Wenn man die verschiedenen Methoden anguckt, mit denen man etwas evaluieren kann, heißen die in jeder Disziplin auch ein bisschen anders (...) Dann muss man erstmal feststellen, was können die einzelnen Methoden, was muss ich denn machen, welchen Vorteil hat welche Methode und stellt dann am Ende fest, ja eigentlich sind diese doch das Selbe."* Sind sich Verbünde der mit gemeinsamen Begrifflichkeiten und Annahmen verbundenen Probleme nicht bewusst, kann dies in der Folge zu einer geringen Motivation zur Zusammenarbeit führen. *„Risiken sind natürlich immer, dass man aneinander vorbeiredet und sich solche Projekte einfach separieren."*

Bei dem Thema Kommunikationsmittel benannten viele Interviewte das persönliche Gespräch als besonders wertvoll und effektiv. Emailkommunikation führte eher zu Missverständnissen und Konflikten. Gemeinsame konkrete Arbeitsziele fördern ein Zusammenrücken der Projektbeteiligten. Insgesamt wird die Bedeutung von Präsenztreffen für die Förderung der Kommunikation hervorgehoben. Arbeitstreffen, bei denen nicht nur Ergebnisse ausgetauscht werden, sondern man zeitweise zusammenarbeitet, wurden als vielversprechende Form der Zusammenarbeit erwähnt: *„(...) wir haben es Integrationstreffen genannt, wo dann auch wirklich nicht nur vorgestellt und entschieden wird, sondern auch wirklich gearbeitet, sprich programmiert und ausprobiert und Fragebögen entwickelt usw. wurde."* Auch das gemeinsame Veröffentlichen von Forschungsaktivitäten stärkt den Austausch untereinander, auch weil hierbei ein gemeinsames Ziel verfolgt wird: *„Die Kommunikation und der Austausch funktionieren weil wir halt ein Paper zusammengeschrieben haben."* Auch häufig förderlich für das gegenseitige Verständnis sind greifbare Repräsentationen technischer Systeme wie z.B. Prototypen, Szenariobeschreibungen oder Mock-Ups. Die Interviewten beschrieben deren Funktion als Aushandlungsartefakte (vgl. Müller 2014), auch wenn diese nicht so benannt wurden.

4.3 Projektplanung und -koordination

Die in den Interviews genannten Barrieren in Bezug auf die Projektkoordination sind nicht alle spezifisch für AAL-Projekte, sondern zum Teil schlicht auf unzureichendes Projektmanagement zurückzuführen. So wurde z.B. in mehreren Fällen auf unzureichend detaillierte Projektplanungen, nicht ausreichend definierte Schnittstellen zwischen den Teilprojekten oder schlecht kommunizierte Projektentscheidungen hingewiesen. Viele Projekte berichten von einer eher losen Kopplung der Teilprojekte, die sich häufig durch eine schwach ausgeprägte Projektkommunikation und ein geringes Bewusstsein für die Arbeiten der anderen Partner(innen) ausdrücken. So wurde zum Beispiel ein häufiger, nicht kommunizierter Wechsel der Mitarbeitenden thematisiert: *„(...) dann sind sie wieder gegangen, dann plötzlich war ein neuer wieder da. (...) Es haben weder die Mitarbeiter, die Notwendigkeit empfunden in diesem Konsortium sich zu verabschieden oder reinzukommen und zu sagen, was sie genau machen, oder wann sie was machen.“* Unter häufigem Personalwechsel leiden dann auch Absprachen im Projekt: *„Wir haben das x mal gehabt, dass dann plötzlich jemand anderer kam, der sagt, eigentlich ist er gar nicht zuständig aber der andere ist weg und er hat damit gar nichts zu tun und er hat keine Ahnung.“* Eine mehrfach geäußerte Erfahrung ist, dass die Motivation zur interdisziplinären Zusammenarbeit gegen Ende der Projekte abnimmt.

Die interdisziplinäre Projektstruktur stellt jedoch auch erhöhte spezifische Anforderungen an die Projektkoordination. Hierfür spielt insbesondere eine Rolle, dass die durch Projektbeteiligte anderer Disziplinen formulierten Arbeitsziele, -zeitpläne und Methoden in der Regel mangels Kontextwissen nicht hinterfragt werden können. Auch hier spielen Fachkulturen eine Rolle, wenn z.B. in der technischen Forschung Verzögerungen in Entwicklungsverläufen häufig als normal angesehen und dann häufig nicht explizit thematisiert werden, dies aber anderen Projektbeteiligten nicht unbedingt bewusst ist. Die Befragten stellten auch den Unterschied zwischen gemeinsamen (Gesamt-)Projektzielen und individuellen Projektzielen der jeweiligen Partner(innen) heraus. Hieraus können sich Interessenskonflikte im Projekt ergeben. Unter Umständen kann das dazu führen, dass Einzelziele eines Partners oder einer Partnerin unerreichbar werden, weil Arbeiten anderer Partner(innen) nicht in dem Maße zu den Zielen beitragen, wie dies vor Projektbeginn angenommen wurde: *„diese Zielerreichung vom Projekt gestaltet sich für mich schwierig bis unmöglich, wenn man nicht miteinander arbeitet und wenn man kein Verständnis für die Arbeit des anderen hat.“* In vielen Fällen werden im Projekt keine alternativen Planungen für Projektarbeiten vorgesehen, die von anderen Arbeiten abhängig sind: *„Aber wir würden es heute anders gestalten, also wir waren deshalb auch abhängig, weil wir uns abhängig gemacht haben und weil wir keine Erfahrung* *hatten, dass sowas vorkommen könnte.*" Befragte äußerten dann eine positive Erfahrung der interdisziplinären Kooperation, wenn die Transparenz über Aufgaben, Ziele und Probleme der anderen Partner(innen) hoch war. Dadurch ließen sich zum einen Missverständnisse auf Grund falscher Annahmen vermeiden, zum anderen erhöhen sich dadurch das gegenseitige Bewusstsein und die Motivation zur gemeinsamen Projektarbeit. Rückblickend äußerten die Befragten Verbesserungspotentiale vor allem in Bezug auf Maßnahmen zur Erhöhung der Transparenz im Konsortium, zur Intensivierung der Kooperation, Flexibilität in der Projektplanung, sowie einer besseren Planung und einem früheren Start von Evaluationsaktivitäten im Feld.

5 Diskussion

In den vergangenen zehn Jahren wurden in großem Umfang Forschungsprojekte zu assistierenden Systemen zur Unterstützung der Selbständigkeit und zur Förderung der Teilhabe von älteren Menschen und Menschen mit Behinderungen sowie zur Unterstützung von Pflegenden durchgeführt. Die komplexen Anforderungen an diese Forschungsprojekte, die Forschungsfragestellungen sehr unterschiedlicher Disziplinen und Zielstellungen aus der Praxis kombinieren, führen wenig überraschend zu vielen Herausforderungen und Problemen in der Projektumsetzung. Erst in jüngster Zeit ist in der Folge eine reflektierende Auseinandersetzung mit den Projektstrukturen, Vorgehensmodellen und methodischen Ansätzen zu beobachten. Bisher sind aber kritische Erfolgsfaktoren, typische Hindernisse oder gar konkrete Empfehlungen für Projekte in diesem Umfeld kaum verfügbar, so dass in der Forschungspraxis nach wie vor erhebliche Schwierigkeiten auftreten.

Vielen Projektbeteiligten scheint das nur in geringem Maße bewusst zu sein. In unseren Interviews antwortete die Mehrheit der Befragten auf die Frage, was sie in den Projekten ändern würden, wenn sie noch einmal ganz von vorne anfangen könnten, dass sie wieder genauso vorgehen würden. Dies ist insofern überraschend, als dass es in Kontrast zu einer häufig nicht so hohen Zufriedenheit mit dem Projektverlauf steht. Die Aussagen deuten darauf hin, dass es seitens der Projektbeteiligten einen klaren Bedarf an methodischen und theoretischen Grundlagen sowie praxisnahen Handreichungen für die Durchführung von Entwicklungsprojekten im AAL-Kontext gibt, der durch die Literatur bisher nicht abgedeckt wird. In Bezug auf nutzerzentriertes Design und partizipative Entwicklung im Kontext Alter und Behinderung sind in den letzten Jahren verstärkt Erfahrungen publiziert worden, die bisher aber noch nicht in Form von Best-Practice-Beispielen oder einfach nutzbaren Leitfäden für die Projektdurchführung verfügbar sind. Im Gegenteil sind aus frühen Phasen der AAL-Forschung (ca. 2008-2011) zum Teil qualitativ eher fragwürdige Publikationen zu Forschungsmethoden verbreitet, die nicht dem Stand der Forschung entsprechen und z.B. stigmatisierende Altersbilder vermitteln. Prinzipiell kann davon ausgegangen werden, dass eine stärkere Theoriebildung zu einer erheblichen Weiterentwicklung des Forschungsfeldes führen würde und einen Beitrag dazu leisten könnte, Zielkonflikte zwischen verschiedenen Disziplinen und zwischen Wissenschaft und Praxis in den Projekten zu vermeiden.

Die Erfahrungen aus den bisherigen Verbundprojekten im AAL-Kontext deuten darauf hin, dass insbesondere eine frühzeitige Erprobung und Evaluation des Technikeinsatzes in der Praxis ein wichtiger Faktor für eine gelingende interdisziplinäre Kooperation und auch für einen erfolgreichen Projektverlauf insgesamt ist. Diese Erfahrungen wurden inzwischen auch in den Förderstrukturen aufgegriffen, die in jüngerer Zeit verstärkt Projekte initiieren, welche ausgehend von einer klaren Verankerung in der Praxis Technikeinsatz in den Anwendungsfeldern initiieren und evaluieren sowie Rahmenbedingungen, Barrieren und förderliche Faktoren für deren Einsatz untersuchen.

6 Literaturverzeichnis

Blackman, S., Matlo, C., Bobrovitskiy, C., Waldoch, A., Fang, M. L., Jackson, P., Mihailidis, A., Nygard, L., Astell, A. & Sixsmith, A. (2016): Ambient assisted living technologies for aging well: A scoping review. In: Journal of Intelligent Systems, 25(1), 55-69

Bundesministerium für Bildung und Forschung (Hrsg.) (2013): Von der Begleitforschung zur Integrierten Forschung. Online verfügbar unter http://www.bmbf.de/pub/BMBF_Begleit-forschung.pdf

Compagna, D. & Kohlbacher, F. (2015): The limits of participatory technology development: The case of service robots in care facilities for older people. In: Peine et al. (Hrsg.): Science, Technology and the "Grand Challenge" of Ageing. Technological Forecasting and Social Change, 93:19-31

Decker, M. & Weinberger, N. (2015): Was sollen wir wollen – Möglichkeiten und Grenzen der bedarfsorientierten Technikentwicklung. In: Weidner, Redlich, Wulfsberg (Hrsg.): Technische Unterstützungssysteme. Springer Viehweg, Heidelberg, 19-29

Elsbernd, A., Lehmeyer, S. & Schilling, U. (2015): Pflege und Technik - Herausforderungen an ein interdisziplinäres Forschungsfeld. In: Pflege&Gesellschaft, 20(1), 67-76

Fitzpatrick, G. & Ellingsen, G. (2013): A review of 25 years of CSCW research in healthcare: Contributions, challenges and future agendas. In: Computer Supported Cooperative Work: CSCW, 22(4–6), 609–665

Fitzpatrick, G., Huldtgren, A., Malmborg, L., Harley, D. & Ijsselsteijn, W. (2015): Design for Agency, Adaptivity and Reciprocity: Reimagining AAL and Telecare Agendas. In: W. S. Randall et al. (Hrsg.): Designing Socially Embedded Technologies in the Real-World, London: Springer, 305-338

Friedman, B. (1996): Value-sensitive design. In: Interactions, 3(6), 16–23

Friedman, B., Kahn Jr., P. H. & Borning, A. (2006): Value Sensitive Design and Information Systems. In: Zhang, P. & Galettag, D. (Hrsg.): Human-Computer Interaction and Management Information Systems: Foundations. Armonk, NY: M.E. Sharpe, 348–372

Greenhalgh, T., Procter, R., Wherton, J., Sugarhood, P. & Shaw, S. (2012): The organising vision for telehealth and telecare: Discourse analysis. In: BMJ Open, 2(4):e001574

Hielscher, V., Kirchen-Peters, S. & Sowinski, C. (2015): Technologisierung der Pflegearbeit? Wissenschaftlicher Diskurs und Praxisentwicklungen in der stationären und ambulanten Langzeitpflege. In: Pflege & Gesellschaft, 20(1), 5–19

Hutchinson, H., Mackay, W., Westerlund, B., Bederson, B., Druin, A., Plaisant, C. & Roussel, N. (2003): Technology probes: inspiring design for and with families. In: Proceedings of the SIGCHI conference on Human factors in computing systems, ACM, 17-24

Kensing, F. & Blomberg, J. (1998). Participatory design: Issues and concerns. In: Computer Supported Cooperative Work (CSCW), 7(3), 167–185

Künemund, H. (2015): Chancen und Herausforderungen assistiver Technik – Nutzerbedarfe und Technikakzeptanz im Alter. In: Technikfolgenabschätzung – Theorie und Praxis, 24(2), 28-35

Kunze, C. & König, P. (2017): Systematisierung technischer Unterstützungssysteme in den Bereichen Pflege, Teilhabeunterstützung und aktives Leben im Alter. In: G. Kempter (Hrsg.) uDay 2017 Tagungsband. Papst Science Publishers, 2017

Kunze, C. (2017): Technikgestaltung für die Pflegepraxis: Perspektiven und Herausforderungen. In: Pflege und Gesellschaft, 2017(2)

Mol, A., Moser, I. & Pols, J. (2010): Care: putting practice into theory. In: Mol, A., Moser, I. & Pols, J. (Hrsg.): Care in practice: On tinkering in clinics, homes and farms. Bielefeld:transcript, 7-27

Mort, M., Roberts, C. & Callén, B. (2012): Ageing with telecare: Care or coercion in austerity? Sociology of Health & Illness, 20(10), 1–14

Müller, C. (2014): Praxisbasiertes Technologiedesign für die alternde Gesellschaft. Zwischen gesellschaftlichen Leitbildern und ihrer Operationalisierung im Design, Lohmar-Köln: Josef Eul Verlag

Norman, D. A. & Draper, S. W. (Hrsg) (1986): User centered system design. New Perspectives on Human-Computer Interaction. Hillsdale, NJ: L. Erlbaum Associates Inc.

Peine, A., Rollwagen, I. & Neven, L. (2014). The rise of the "innosumer" — rethinking older technology users. In: Technol. Forecast. Soc. Chang., 82:199–214

Pols, J. (2017): Good relations with technology: Empirical ethics and aesthetics in care. Nurs Philos, 18: n/a, e12154. doi:10.1111/nup.12154

Rosson M. B. & Carroll J. M. (2009): Scenario based design. In: Sears, A. & Jacko. J. A. (Hrsg.): Human-computer interaction. CRC Press, Boca Raton, p. 145-162

Thygesen, H. & Moser, I. (2012): Technology and good dementia care: An argument for an ethics-in-practice approach. In: Schillmeyer/Domenech (Hrsg.), New Technologies and emerging spaces of care, Ashgate, 2012, 29-147

Wulf, V., Müller, C., Pipek, V., Randall, D., Rohde, M. & Stevens, G. (2015): Practice-Based Computing: Empirically Grounded Conceptualizations Derived from Design Case Studies. In: Wulf, V., Schmidt, K., & Randall, D. (Hrsg.): Designing Socially Embedded Technologies in the Real-World. London: Springer, 111–150

AAL in der Qualifizierungspraxis von Pflege und Medizin

Johannes Steinle[a][14], Dorothea Weber[a][14], Teresa Klobucnik[b], Peter König[b] & Maik H.-J. Winter[a]

[a] Institut für Angewandte Forschung – Angewandte Sozial- und Gesundheitsforschung, Hochschule Ravensburg-Weingarten

[b] Institut Mensch, Technik und Teilhabe (IMTT), Hochschule Furtwangen

Technische Assistenzsysteme finden zunehmend Anwendung im pflegerischen und häuslichen Kontext. Angesichts dessen ist es wichtig, diese Themen in die Qualifizierungsphase von Pflege und Medizin zu integrieren. Der Beitrag untersucht, inwieweit assistive Technologien bereits Bestandteil der pflegerischen und ärztlichen Ausbildung in Baden-Württemberg sind. Dazu wurden Interviews mit Ausbildungsverantwortlichen von Pflege(hoch)schulen sowie von medizinischen Fakultäten geführt. In der ärztlichen Ausbildung haben technische Assistenzsysteme kaum Bedeutung und werden auch zukünftig vornehmlich als Teil der beruflichen Fortbildung erachtet. Ausbildungsverantwortliche in der Pflege messen hingegen technischen Assistenzsystemen eine wachsende Relevanz bei. Eine zunehmende Implementierung von AAL in die Ausbildungscurricula der Pflege wird überwiegend als notwendig und sinnvoll eingeschätzt.

1   Hintergrund

Modellberechnungen prognostizieren bis zum Jahr 2050 eine Verdoppelung pflegebedürftiger Menschen in Deutschland. Rund 4,5 Millionen Personen werden dann auf Pflege angewiesen sein. Selbst optimistische Modelle, die von einer sinkenden Pflegequote ausgehen, sprechen von 3,8 Millionen Pflegebedürftigen (Destatis 2010). Auch die Altersverteilung in

---

[14] Die beiden Autoren leisteten einen gleichwertigen Beitrag und teilen sich die Erstautorenschaft.

der Bevölkerung wird sich deutlich ändern. Bereits im Jahr 2030 steigt die Anzahl der über 65-Jährigen um ein Drittel und wird rund 29 % der Gesamtbevölkerung betragen (Destatis 2011). Status-Quo-Berechnungen in Baden-Württemberg entsprechen den bundesweiten Prognosen. Auch hier wird bis zum Jahr 2050 von einem Anstieg an Pflegebedürftigen um 80 % ausgegangen, sodass dann 502.000 Personen auf Pflege angewiesen sein werden (Gölz und Weber 2015). Gleichzeitig wird ein Mangel von rund 700.000 Vollzeitpflegekräften für das Jahr 2050 prognostiziert (Schulz 2012). Ähnliche Entwicklungen werden auch bei der Ärzteschaft, insbesondere bei der hausärztlichen Versorgung, erwartet (Kopetsch 2010). Die bereits heute einsetzende ‚Geriatrisierung' des Gesundheitswesens fordert ihrerseits, ergänzend zu Personalgewinnungsstrategien, innovative Konzepte, um die zukünftige Versorgung zu sichern.

Seit nunmehr 13 Jahren wird in Deutschland vermehrt über Ambient Assisted Living (AAL) diskutiert. Dabei fällt eine begriffliche Eingrenzung zunehmend schwer, zumal sich der Begriff in ein ganzes Potpourri heterogener Bezeichnungen, mit teils unterschiedlichen konzeptionellen Pointierungen und semantischen Konnotationen, bettet (Ewers 2010). Eine praxisorientierte Unterscheidung von Technologien im Bereich High-Tech Home Care bildet die Differenzierung zwischen umweltbezogenem und therapiebezogenem Technikeinsatz (ebd.). AAL zählt dabei zu erstgenannter Kategorie, da es das erklärte Ziel der Anwendungen ist, die Autonomie im häuslichen Umfeld der Nutzenden durch in die Umgebung integrierte Technologien aufrechtzuerhalten oder zu fördern. Der Einsatz von AAL erscheint dabei als Win-win-Situation. Einerseits wird die gesundheitspolitische Prämisse einer Ambulantisierung der gesundheitlichen Versorgung weiter forciert. Andererseits kann so aber auch der Wunsch vieler älterer Menschen, möglichst lange in der eigenen Umgebung leben zu können, berücksichtigt werden (Munstermann 2015). War der traditionelle therapiebezogene Technikeinsatz noch vor einigen Jahren auf einen engen Kreis spezifischer Anwendungen wie z.B. der Heimbeatmung beschränkt, verschiebt sich der Einsatz nunmehr in die Prävention. Hierfür könnten disruptive gesellschaftliche Wandlungsprozesse verantwortlich sein, nicht zuletzt die Quantified-Self-Bewegung, die ihrerseits aus den durch Technologieeinsatz gewonnenen Daten normative Ansprüche und Erwartungshaltungen erzeugt, die prospektiv auch Auswirkungen auf die gesellschaftliche Einstellung gegenüber assistiven Technologien haben (Selke 2016). Von intelligenten Medikamentendosiersystemen, über Telenursing und -medizin,

116

bis hin zu Exoskeletten – mittlerweile umfasst das Technikangebot für Pflegende und die Ärzteschaft bereits ein breites Anwendungsgebiet, welches konkreten Einfluss auf das professionelle Handeln nimmt. Gleichzeitig ist in der Klinik die Tendenz bemerkbar, dass die Bedienung technischer Geräte zunehmend an das Pflegepersonal delegiert und nicht (mehr) als Teil ärztlichen Handelns verstanden wird (Pols 2017).

Die Auseinandersetzung der Pflege mit Technologien ist kein gänzlich neues Phänomen. In den USA wurde bereits 1870 der Umgang mit Technik in der Pflegeausbildung gelehrt (Remmers und Hülsken-Giesler 2007). Mit Zunahme der medizintechnischen Innovationen seit den frühen 1930er Jahren wurde das Thema Pflege und Technik immer bedeutsamer. Dabei kristallisierten sich über die Jahrzehnte hinweg zwei polarisierende und den Diskurs bestimmende Gruppen heraus: die der Technikoptimisten und -pessimisten (Hielscher 2014). Während einerseits der zunehmende Einsatz von technischen Geräten von vielen als ein Beitrag zur weiteren Professionalisierung der Pflege empfunden wird und sich ferner neue Berufsfelder etablieren (z.B. Dialysefachkräfte, telenurses), werden andererseits kritische Stimmen laut, die eine Zurückdrängung traditioneller Aufgabengebiete der Pflege und damit eine Aufweichung des Berufs befürchten (Sandelowski 1997). AAL-Technologien weisen, im Gegensatz zu medizintechnischen Innovationen, prinzipiell eine größere Nähe zu pflegerischen Aufgaben auf. Eine Vergleichsstudie der Technikakzeptanz von AAL zwischen Hausärzten und Pflegekräften im ländlichen Raum zeigte eine höhere Aufgeschlossenheit der Pflegekräfte, die unter anderem auf die unterschiedliche berufliche Schwerpunktsetzung zurückgeführt wird (Bauer et al. 2012). Dennoch bleibt die fehlende Implementierung von strukturierten AAL-Weiterbildungen für Pflegekräfte eine bedeutsame Innovationsbarriere (Künemund 2015). An Pflegeschulen werden selbst Mängel in Grundlagen der EDV-Ausbildung festgestellt (Steffan 2010). Zudem werden interdisziplinäre Zugänge zu AAL-relevanten Inhalten sowohl in den Sozial- als auch in den technischen Berufsausbildungen nicht wahrgenommen (Buhr 2009).

In einer amerikanischen Delphi-Studie wurde vor einigen Jahren bereits ein umfassender Kompetenzkatalog für die Pflegequalifizierung entwickelt, der auf vier Praxisebenen zwischen Anfängern, erfahrenen Pflegenden sowie Experten und Innovatoren im Umgang mit neuen Technologien unterscheidet (Staggers et al. 2002). Allerdings floss bei der Entwicklung des Kompetenzkatalogs ausschließlich die Expertise von Pflegeinformatikern und nicht die der Pflegekräfte ein (Hülsken-Giesler 2010). In der hausärztlichen Medizin werden u.a. technische Lösungen als ein Ansatz zur Bewältigung des Landarztmangels diskutiert, sie finden in Deutschland jedoch noch keine breite Anwendung (Hansen et al. 2017). Bislang fehlen Beiträge, welche die subjektiven Einstellungen und Vorstellungen von Ausbildungsverantwortlichen zum Themenfeld Technik in der Pflegeausbildung und im Medizinstudium untersuchen. Dieser Beitrag möchte erste Anregungen zu einer vertieften Auseinandersetzung mit dem Themenkomplex bieten. Dabei werden folgende explorative Forschungsfragen fokussiert:

- Welchen Stellenwert besitzen AAL und neue Technologien derzeit und zukünftig in der Ausbildung/im Studium zur Pflegekraft sowie im Medizinstudium aus Perspektive der Ausbildungsverantwortlichen?

- Wie beurteilen Ausbildungsverantwortliche die eigene Technikkompetenz?

- Welche Hemmnisse und Vorteile eines vermehrten Technikgebrauchs in der Pflegearbeit und in der Medizin identifizieren Ausbildungsverantwortliche?

2   Methodik

Zur Bearbeitung dieser Forschungsfragen wurden Experteninterviews mit Ausbildungsverantwortlichen in Baden-Württemberg geführt. Um eine möglichst hohe Bandbreite an unterschiedlichen Strukturen der (Hoch-)Schulen für Pflege abzubilden, wurden im Vorfeld unterschiedliche Indikatoren festgelegt (bspw. räumliche Verortung, Trägerschaften, Schülerzahlen). Methodisch wurde durch das Stichprobenverfahren des Quota-Designs nach Häder (2015) sichergestellt, dass sich die Pluralität der Grundgesamtheit bei der Stichprobenziehung widerspiegelt. Von den insgesamt 81 Schulen für Gesundheits- und Krankenpflege in Baden-Württemberg wurden vier sowie weitere vier Schulleitungen der 101 Altenpflegeschulen selektiert. Die Personen wurden zu einem Interview eingeladen und zu dessen Durchführung in ihren Einrichtungen besucht. Insgesamt konnten fünf weibliche und drei männliche Ausbildungsverantwortliche im Alter zwischen 30 und 62 Jahren (MW= 49,8) befragt werden. Die überwiegende Mehrheit der Befragten hat einen akademischen Abschluss in Pflegepädagogik oder Pflegewissenschaft. Eine Person absolvierte eine Weiterbildung zum Pflegelehrer. Zur Befragung der Studiendekane wurden alle acht ausbildungsintegrierenden Pflegestudiengänge in Baden-Württemberg angeschrieben. Vier Studiendekaninnen im Alter zwischen 47 und 65 Jahren (MW= 54,5) erklärten sich bereit, an einem Telefoninterview teilzunehmen. Neben einer pflegerischen Ausbildung absolvierten mit Ausnahme einer Befragten alle ein Pflegestudium. Eine Person absolvierte ein Studium der Berufspädagogik. Alle Interviews wurden zwischen August und Dezember 2016 geführt und dauerten 30 bis 40 Minuten. Die Transkription und Auswertung der Interviews erfolgte mittels MAXQDA 12. Die Interviews wurden anhand der inhaltlich-strukturierenden Inhaltsanalyse nach Kuckartz (2014) ausgewertet. Für die Befragung der medizinischen Studiendekane bildeten alle fünf medizinischen Fakultäten in Baden-Württemberg die Stichprobe. Kontaktiert wurden jeweils die Verantwortlichen für die Studieninhalte in den Bereichen Geriatrie und medizinische Informatik. Es konnten im Oktober 2016 halbstandardisierte Telefoninterviews mit zwei Vertretern der Geriatrie sowie mit einem Vertreter der medizinischen Informatik geführt werden. Der Leitfaden bestand aus insgesamt 24 geschlossenen und offenen Fragen zu Kenntnissen über Begrifflichkeiten, Bedeutung im Medizinstudium und in der täglichen ärztlichen Arbeit sowie zur technischen Ausstattung der Fakultäten und zu Weiterbildungsangeboten im Bereich AAL. Die Interviews wurden aufgezeichnet und anschließend mittels zusammenfassender Inhaltsanalyse nach Mayring (2002) ausgewertet.

3 Ergebnisse und Diskussion

3.1 Technische Ausstattung in den Pflegeschulen und Hochschulen

Betrachtet man die technische Ausstattung der Pflegeschulen hinsichtlich elektronischer Lernplattformen und Skills Labs, zeigen sich erste Unterschiede. Teilweise verfügen die Schulen über mehrere Systeme, teilweise mangelt es bereits bei der Grundausstattung an PC-Arbeitsplätzen. Eine Befragte zeigt sich enttäuscht darüber, dass in Technik investiert wurde, diese jedoch von den Lehrenden nicht eingesetzt und von den Auszubildenden nicht eingefordert wird. Die Deutungsmuster, warum digitale Lernmöglichkeiten nicht angewandt oder Investitionen in die technische Ausstattung nicht getätigt werden, ähneln sich und betreffen meist die heterogene Zusammensetzung der Auszubildenden:

„Also wir haben eine große Altersspanne und die jüngsten Schüler sind dann so um die 17, aber das zieht sich dann bis 54/55 und die nutzen Computer einfach nicht so häufig. Manche haben gar keinen, immer noch nicht. Und dass wir einfach so Sachen wie E-Learning nicht nutzen, liegt einfach daran, dass wir hier nicht so gut ausgerüstet sind mit Computern, die die Schüler nutzen können zum Lernen" (IP 3: 102).

Eine Dekanin spricht in diesem Zusammenhang gar von einer naturgemäßen Distanz der Pflegeberufe zur Technik, die sie auf den hohen Anteil personenbezogener Tätigkeiten zurückführt. Im Gegensatz zu den Schulen kommen in der akademischen Ausbildung naturgemäß die hochschulüblichen E-Learning-Systeme zum Einsatz. Selten sind dort hingegen Skills Labs etabliert.

3.2 Technikeinsatz in den Pflegeschulen und Hochschulen

Bei der Konkretisierung von Technik auf den Bereich AAL zeigt sich ein ausdifferenziertes Bild. Die Pflegeschulen sehen den Lernort Praxis als tragende Säule. Assistive Technologien im Bereich Mobilisation und Hausnotrufsysteme werden als bedeutsam geschildert und im Unterricht demonstriert. In beinahe allen Interviews wird darüber hinaus auf den Stellenwert elektronischer Dokumentationssysteme verwiesen. Zudem wird deutlich, dass Technik einen konkreten funktionalen Nutzen für die Pflegetätigkeiten haben muss, um als Ausbildungsinhalt verankert zu werden und dass eine fundierte Schulung nur in Zusammenarbeit mit den Praxispartnern erfolgen kann:

„In Praxisbesuchen werden die technischen Hilfsmittel gerne genutzt, gerade Lifter und Aufstehhilfen. Ich glaube, da ist die Angst geringer, dass man einen Fehler machen kann. Das Problem ist immer, die müssen sich das in den Einrichtungen zeigen lassen, weil wir das ja hier nicht haben" (IP 3: 89).

Die in Pflegeschulen vorgehaltene Ausstattung an assistiven Technologien ist unterschiedlich. Einige Schulen halten in Skills Labs entsprechende Systeme vor, andere verlassen sich auf die Praxispartner. Schulen, die über keine Demonstrationsräume verfügen, werden gelegentlich von Lernenden auf die fehlenden Ausbildungsmöglichkeiten hingewiesen und kritisiert. In der akademischen Ausbildung wird der Themenschwerpunkt auf eine kritische Reflektion von AAL gelegt. Gelegentlich wird in übergreifenden Modulen auf Einsatzmöglichkeiten technischer Assistenzsysteme verwiesen. Eine Studiendekanin eines ausbildungsintegrierenden Pflegestudiengangs sieht die Thematisierung von AAL als primäre Aufgabe der Pflegeschulen und Praxisstellen. Insofern zeichnet sich auch hier ein großes Spektrum der Integration von AAL-Inhalten in die Curricula ab. Während diese an einigen Hochschulen kaum eine Rolle spielen, erweisen sich andere Hochschulen als forschungsstark und bieten explizit die Möglichkeit an, im Bereich Technik und Pflege Abschlussarbeiten zu verfassen. Auch der Kenntnisstand der Studierenden wird von den Dekaninnen unterschiedlich eingeschätzt. Grundsätzlich werden die Studierenden, deutlicher als Auszubildende, der Digital-Natives-Generation zugeordnet, mit der eine grundsätzliche Offenheit für technische Systeme assoziiert und ihnen durch die Sozialisation weitgehende Kompetenzen in der ethischen Beurteilung eingeräumt werden. Eine Studiendekanin äußert ferner, dass einige Studierende das Missverhältnis zwischen der bestehenden Studienlage und der eigentlichen Praxisanwendung bemängeln. Diese Problematik spiegelt sich auch in der Literatur wider. So findet die Entwicklung von neuen assistiven Technologien häufig nur in Laborsituationen statt. Sozialwissenschaftliche Aspekte werden zur Begleitforschung degradiert und Technik damit häufig an den Lebenswelten und eigentlichen Bedarfen der Zielgruppe vorbeientwickelt (Endter 2017, Künemund 2016). Gleichzeitig fehlt in pflegewissenschaftlichen Diskursen häufig eine ausdifferenzierte Betrachtung der unterschiedlichen Technologiearten, die vielfach pauschalisierend auf medizintechnische Produkte reduziert werden und den Blick einengen (Kunze 2017).

3.2.1 Hemmnisse beim Technikgebrauch

Neben der funktionalen Komponente für die konkrete Pflegepraxis wird auch die Interaktion zwischen Pflegenden und Pflegebedürftigen thematisiert. Ein Hauptargument dabei ist, dass Technik niemals menschliche Zuwendung ersetzen dürfe. Dabei pointiert eine Schulleitung auf die Nachfrage, warum AAL in den Einrichtungen ihres Verbundes nicht zum Einsatz kommt:

„Naja, bestenfalls vielleicht damit, dass man sich in den Häusern noch nicht dazu entschieden hat, menschliche Interaktion durch irgendwelche Ma-

121

schinen zu ersetzen, nehmen wir mal das als Beste aller Begründungen an" (IP 4: 87).

Die Dichotomisierung von Technik und Care ist dabei ein seit Jahrzehnten immer wiederkehrendes Phänomen pflegewissenschaftlicher Diskurse. Barnard und Sandelowski (2001) machen dafür die Selbstdefinition professioneller Pflege verantwortlich, die sich mit dem Aufkeimen der medizintechnischen Innovationen über die daraus resultierende Kluft zwischen Technik und den Pflegebedürftigen definierten und eine künstliche Trennung hervorbrachten, die, den Autoren nach zu urteilen, nicht existiert. Es gibt kaum Studien, die untersuchen, welchen Einfluss Technikgebrauch von Pflegenden auf die Beziehung zur Klientel hat. In einer jüngst in Schweden durchgeführten Studie wurde die IT-gestützte Dokumentation von ambulanten Pflegekräften mittels iPad von den Patient(inn)en als alltäglich beschrieben, teilweise wurde der Gebrauch von Technik als Marker für Professionalität gewertet (Vilstrup et al. 2017). Ferner wird in den Interviews ein Wertebezug deutlich, indem aus einer anwaltschaftlichen Position für die Pflegebedürftigen und der eigenen Profession heraus reflektiert wird. Dabei wird die Dominanz wirtschaftlicher Interessen kritisiert, die eigentliche Bedürfnisse außen vorlassen und womöglich zur Verschärfung sozialer Ungleichheiten beitragen könnten:

„Wenn die Krankenkassen heute schon Schwierigkeiten haben einen Rollator oder ein Pflegebett zu finanzieren, wie wird das dann erst hier mit einer Technik, die erst im Werden ist, mit einer entsprechenden Armut im Alter. Ich weiß gar nicht, wer sich das dann noch leisten kann, dann wird die Kluft wahrscheinlich wieder so groß... Arm und Reich" (IP 5: 91).

Einvernehmlich äußern alle Befragten, dass Technik nur dann eingesetzt werden sollte, wenn sie die Selbstbestimmung der Patient(inn)en erhöht und von diesen ausdrücklich erwünscht ist. Technologien werden bei der Frage nach Barrieren und Hemmnissen vorwiegend als eine primär ökonomischen Interessen dienende Entwicklung diskutiert. Eine ebenfalls denkbare Perspektive – die der Professionalisierung der Pflege und der Option, ihrerseits Einfluss auf künftige Technikentwicklungen zu nehmen – wird nicht benannt. Ein Einsatz assistiver Technologien im Rahmen therapeutischer Pflege wird kritisiert: *„Wie viel Menschlichkeit bleibt da übrig?"* (IP 6: 61). Erkundigt man sich detaillierter nach den Gründen für die Abneigung gegenüber neuen Technologien, wird häufig die fehlende Erfahrung mit den

Produkten genannt: *„Ich glaube, dass sich viele da einfach noch nicht so gut damit auskennen"* (IP 3: 73). Des Weiteren kommen immer wieder Ängste zur Sprache, Technik falsch zu bedienen und dadurch möglicherweise Schaden anzurichten. Hinter diesen Ängsten verbergen sich medizinethische Fragestellungen gegenüber geltenden Prinzipien der Schadensvermeidung („Primum non nocere") (Beauchamp und Childress 2013), die im Zusammenhang von Technikkompetenz und AAL ebenfalls berücksichtigt werden müssen. In ausbildungsintegrierenden Pflegestudiengängen scheint sich der Lernort Hochschule für die Aufgabe einer ethischen Beurteilungskompetenz verantwortlich zu fühlen. Als weitere Hemmnisse werden die durch Technik ermöglichten Kontrollmöglichkeiten Dritter sowie sicherheitsrelevante Fragen (bspw. Stromausfall) angesprochen.

3.2.2 Potentiale des Technikgebrauchs

Bei der Nennung von Potentialen und Nutzen durch Technik in der Pflege ähneln sich die Argumente beider Ausbildungsformen. Zunächst werden mögliche Zugewinne aus Patientenperspektive geschildert, die zur Stärkung eines autonom geführten Lebens in der eigenen häuslichen Umgebung führen oder dieses gar erst ermöglichen. AAL wird dabei als eine Möglichkeit zur Steigerung des subjektiven Sicherheitsgefühls und konkrete Hilfe im Haushalt diskutiert. Darunter fallen einerseits klassische AAL-Technologien zur Notfallerkennung (bspw. Hausnotrufsysteme und Sturzmatten) aber auch Smart Home-Funktionen wie automatisierte Beleuchtungssysteme. Außerdem wird AAL als wichtiges Instrument im Überleitungsmanagement genannt. So eröffnen assistive Technologien neue Möglichkeiten für den Übergang zwischen stationärer und ambulanter Versorgung:

„Ich kann durch technische Assistenzsysteme eine andere Bedarfseinschätzung vornehmen, da bestimmte Sachen eben auch technisch assistiert gelöst werden können und das würde natürlich auch ein Aufgabengebiet von Pflege umfassen, wenn jemand aus dem stationären Bereich in den häuslichen Bereich zurückgeht" (IP 8: 67).

Die Beratung und Bedarfseinschätzung zur Technikanschaffung wird in mehreren Interviews als genuin pflegerische Aufgabe erachtet. Gleichzeitig sieht man die Möglichkeit, dass Technik zur eigenen Arbeitsentlastung beitragen kann. Diese technischen Unterstützungsleistungen werden teils auch als Beitrag zum eigenen Gesundheitshandeln aufgefasst, wenn bspw. Liftanlagen körperlich anstrengende Arbeit erleichtern. Daraus erwächst zudem eine pädagogische Herausforderung:

„Entweder sind die Schüler nicht eingearbeitet oder sie denken, das mache ich jetzt doch schnell so (ohne Technikeinsatz, Anm. d. Verf.) und denken gar nicht, dass dies länger dann doch nichts für den Körper ist" (IP 5: 75).

Ein weiterer Zugewinn, vornehmlich von Lehrenden mit langjähriger Praxiserfahrung genannt, stellen elektronische Dokumentationssysteme dar. Neben der vereinfachten Dokumentation kann auch die Abrechnung der Pflegeleistungen komfortabler gestaltet werden. Grundsätzlich besteht die Möglichkeit zur sektorenübergreifenden Vernetzung und einem digitalen Datenaustausch der Versorgungsdienstleister. Dabei können elektronische Dokumentationssysteme ein Bindeglied zwischen assistiven Technologien und Telemedizin sein. Die Sicht der befragten Studiendekaninnen fokussiert bei den Potentialen weniger den konkreten pflegepraktischen Nutzen, sondern wird vornehmlich auf der Makroebene diskutiert:

„AAL-Technologie, auch wenn sie bei uns in der Pflege Einzug erhalten hat, findet ja auch Einzug oder hat schon Einzug gefunden in anderen Lebensbereichen, was jetzt wenig mit Alter zu tun hat" (IP D4: 65).

Durchkreuzt wird dieses Empfinden derzeit noch von empirischen Forschungsergebnissen, die, antagonistisch zu vorherrschenden Bildern eines produktiven Alter(n)s, gar von einer Verjüngung des Alters mittels einer durch den raschen technologischen Fortschritt induzierten subjektiven Wahrnehmung des Alt-Seins hervorgerufen wird (Pelizäus-Hoffmeister 2013). Demnach wird es in Zukunft von Bedeutung sein, den subjektiven Nutzen einer Technologie zu erkennen, um eine Auseinandersetzung mit neuen Technologien zu fördern und die Wahrscheinlichkeit der Anwendung zu erhöhen. Eine jüngere Studie zeigt ein zuversichtliches Bild der Affinität älterer Menschen gegenüber assistiven Technologien (Kirchbuchner et al. 2015). Wohlwissend, dass diese Forschungsergebnisse immer nur Momentaufnahmen darstellen und in Anbetracht der kommenden Generationen neu zu diskutieren sind.

3.2.3 Einschätzung der zukünftigen Relevanz von AAL in der Pflegeausbildung

Bittet man Schulleitungen um eine Einschätzung zum zukünftigen Stellenwert von technischen Inhalten in der Pflegeausbildung, sehen sieben der acht Interviewten eine zunehmende Relevanz der Thematik. Neben der Handhabbarkeit der Technologien nimmt die Mehrheit der Befragten einen Bedarf an Lerninhalten zu ethischen Dimensionen des Technikgebrauchs und zur Vermittlung von Beratungskompetenz wahr. In einer Schule liegen bereits konkrete Pläne vor, mit der Reform des Pflegeberufegesetzes und der notwendigen Überarbeitung des Lehrplans, Technologien stärker zu berücksichtigen. Eine andere Schule sieht auch zukünftig keinen Bedarf an einer Einbettung von Technikkompetenz in die Pflegeausbildung. Eine Schulleitung zeigt sich offen für eine Anpassung des Curriculums, allerdings fehlen dort Anhaltspunkte zur Gestaltung der Ausbildungsinhalte:

„Zum Teil steht das auch im Lehrplan noch gar nicht so drin, da muss es auf jeden Fall rein, also in die Lehrbücher und in die Handreichungen zum Lehrplan. Es müsste auch Fortbildungen geben" (IP 6: 99).

Auf Seiten der Studiendekaninnen herrscht Einvernehmen bei der Beurteilung über die zukünftige Relevanz von Technik. So möchte eine Hochschule ihre bereits bestehenden Forschungsaktivitäten im Bereich AAL weiter ausbauen, eine weitere Hochschule arbeitet an der Initiierung neuer Forschungsperspektiven. Dabei wird AAL als Schlüsseltechnologie verstanden, die mit weiteren technischen Innovationen Einzug in alle Haushalte nehmen wird. Hinsichtlich der Studieninhalte wird auf die Reakkreditierungen verwiesen, die turnusmäßig eine Anpassung und Aktualisierung der Studienmodule ermöglichen.

3.3 Bedeutung technischer Assistenzsysteme im Medizinstudium

Technische Assistenzsysteme haben für einen der befragten Geriater eine mittlere Bedeutung im Kontext der Medizin. Begründet wird dies zum einen damit, dass es zwar viele technische Möglichkeiten gibt, diese aber nicht in der Breite etabliert sind. Zum anderen fehlt es vielen Menschen noch an Technikaffinität und die Hürden in der Nutzung – hinsichtlich Datenschutz, Praktikabilität und Anwendung – sind oft hoch, was eine Ablehnungshaltung gegenüber technischen Systemen fördert. Für den zweiten Fachvertreter der Geriatrie ist die Bedeutung von AAL im Kontext der Medizin sehr gering, wenn man den Anteil des Markts (unter 1 %) mit dem Volumen des Gesundheitsmarkts vergleicht, welches bei etwa 300 Milliarden Euro liegt. Der Fachvertreter der medizinischen Informatik sieht ebenfalls eine sehr geringe Bedeutung von AAL-Systemen, da für ihn die Technik noch in den Anfängen steckt und von den Krankenhäusern auch nicht vorangetrieben wird.

Wie steht es nun um die Rolle von assistiven Technologien im Rahmen des Medizinstudiums in Baden-Württemberg? Ein Fachvertreter des Querschnittsbereichs Geriatrie gibt an, dass AAL an seiner Fakultät keine Bedeutung habe, da es keine speziellen Vorträge im Curriculum gibt, sondern lediglich eine 30-minütige Ergotherapie-Vorlesung, in der auf technische Hilfsmittel hingewiesen wird. Auch für die Zukunft wünscht er sich keine größere Bedeutung des Themas, da es für ihn andere Prioritäten im Fach Geriatrie gibt und ein ohnehin schon enger Lehrplan besteht. Er sieht den technischen Bereich eher im Rahmen von Fort- und Weiterbildungen für hausärztlich Tätige im ländlichen Bereich. Weiterbildungsmöglichkeiten im Bereich medizinischer Informatik sind an seiner Fakultät vorhanden. Der zweite Fachvertreter aus dem Bereich Geriatrie ist der Meinung, dass die Bereiche AAL und technische Assistenzsysteme eine Rolle im Medizinstudium spielen, zumindest im Querschnittsbereich Altersmedizin. Hier werden die Begrifflichkeiten sowie entsprechende Beispiele eingeführt, wobei dies in Deutschland noch nicht flächendeckend der Fall ist. Zudem wünscht sich der Fachvertreter, dass die Thematik zukünftig eine größere Rolle spielt, da Menschen mit Hilfebedarf davon profitieren können und sollen. Auch an seiner Fakultät gibt es die Möglichkeit der Weiterbildung im Bereich medizinischer Informatik. Ein Fachvertreter des Bereichs medizinische Informatik ist der Meinung, technische Assistenzsysteme sollen nicht weiter im Curriculum verankert werden. Für ihn wäre es schwer Lerninhalte zu unterrichten, da die Kurzlebigkeit im Technologiebereich den Lernzielen entgegensteht. Behandelt werden vor allem (medizin-)informatische Inhalte mit langer Gültigkeit und daher grundsätzliche Dinge wie digitale Signatur, Verschlüsselung und Datenschutz. In ärztlichen Weiterbildungen seiner Fakultät werden AAL und Telemedizin häufiger angeboten. Daneben bieten Ärztekammern ähnliche Fortbildungsangebote an. Bei einem der beiden befragten Geriater kommen technische Assistenzsysteme im Querschnittsbereich Altersmedizin in der Lehre vor. Weiterhin spielt bspw. das Thema Sturzdetektion mitsamt seinen praktischen Vorteilen sowie ethischen und datenschutzrechtlichen Problemen eine Rolle in den Vorlesungen. Bei den beiden anderen befragten Medizinern ist das Thema AAL noch kein fester Bestandteil in der Lehre, allerdings wird ein Bedarf im Bereich Demenz und Technik sowie Hilfsmittel zur Verhinderung von Heimeinweisungen, aber auch im E-Health Bereich wie bspw. der elektronischen Gesundheitskarte und Monitoring-Systemen gesehen.

3.3.1   Technische Ausstattung an den medizinischen Fakultäten

In den meisten medizinischen Fakultäten sind Skills Labs für praktische Übungen eingerichtet. Ein Fachvertreter aus der Geriatrie gibt an, dass es für seinen Lehrstuhl zwar einen solchen Raum nicht gibt, vor kurzem jedoch ein Alterssimulationsanzug angeschafft wurde, der ab 2018 standardmäßig in der Lehre verwendet werden soll. Der zweite Fachvertreter der Geriatrie gibt an, dass an seiner Klinik ein Skills Lab vorhanden und mit Dummies zur Wiederbelebung, Ultraschall- und Assessmentgeräten sowie mit einer Alterssimulation („Instant Aging") ausgestattet ist. Ebenfalls ist eine Art AAL-Simulationsraum in Form eines Musterhauses vorhanden, das mit verschiedenen technischen Assistenzsystemen ausgestattet ist. Die Medizinstudenten nutzen dieses Haus auch für halbtägige Veranstaltungen. Der Fachvertreter der medizinischen Informatik gibt ebenfalls an, dass ein Skills Lab vorhanden ist. Dieses ist ausgestattet mit einem stationären Notarztwagen, Interviewräumen für Gesprächssimulationen, Möglichkeiten zur Infusionslegung und Reanimation sowie einer Arztpraxis. Ein zusätzlicher AAL-Simulationsraum ist nicht vorhanden, da kein Bedarf besteht.

3.3.2   Zukünftiger Stellenwert von AAL in der Medizin

Ein Fachvertreter der Geriatrie schätzt den Stellenwert technischer Assistenzsysteme in der allgemeinen Ärzteausbildung als mittel ein, in speziellen Bereichen wie bspw. in der Weiterbildung hingegen als hoch. Er ist der Meinung, dass Ärzte zumindest einen Überblick über die verschiedenen Einsatzmöglichkeiten von Technik haben sollten. Für ihn sollte der Nutzen dieser Systeme erst durch ausreichende Studien belegt werden, bevor diese Themen in die Lehre einbezogen werden. Der zweite Fachvertreter der Geriatrie hingegen sieht den Stellenwert in Zukunft als hoch an. Laut seiner Einschätzung werden Ärzte zwar einen Überblick bieten können, jedoch dann aus Zeitgründen auf entsprechende Beratungsstellen verweisen. Weiterhin geht er davon aus, dass vieles in das Zuständigkeitsgebiet des Sozialdienstes fällt und die Qualität der Beratung daher von der jeweiligen

Person und deren Kompetenz und Technikaffinität abhängig sein wird. Im Medizinstudium sollten durch die Implementierung von Fallbeispielen praxisnahe Eindrücke vermittelt werden. Schließlich schätzt der Vertreter des Fachbereichs medizinische Informatik den zukünftigen Stellenwert von AAL-Systemen für Mediziner als ebenfalls hoch ein. Seiner Meinung nach wird das Thema E-Health immer vertreten sein, z.b. im Rahmen von Dateninformationssystemen oder Abrechnungen. Was AAL betrifft, wird die Ärzteschaft von Pflegebedürftigen als kompetenter Ansprechpartner wahrgenommen, wobei es hier eine Lücke geben wird zwischen Patient(inn)en, die viel nachfragen und Behandelnden, die wenig über das Thema wissen. Er sieht daher die Ärzteschaft in der Pflicht, sich mehr über das Thema technische Assistenzsysteme zu informieren. Grundsätzlich ist er der Meinung, dass dies ein Thema der ärztlichen Weiterbildung und damit fachspezifisch ist. So hat die Radiologie selten damit etwas zu tun, in der Neurologie, Allgemeinmedizin oder Orthopädie jedoch schon eher.

4 Fazit

Die Diffusion von AAL in die Pflege-Curricula scheint nicht allein durch die Technologieentwicklung im Allgemeinen, sondern vornehmlich auch mit den persönlichen Einstellungen und Affinitäten der Ausbildungsverantwortlichen sowie der, häufig daraus resultierenden, technischen Ausstattung der (Hoch-)Schulen zu korrespondieren. Demnach werden zwar in allen Interviews kontrovers Vor- und Nachteile assistiver Technologien hinsichtlich eines funktionalen Nutzens für Patient(inn)en sowie Pflegekräfte diskutiert. Häufig scheitern weiterführende Beurteilungen jedoch daran, dass die Technologien nicht bekannt sind. Die schulische und akademische Pflegeausbildung unterscheidet sich vorwiegend bei der Schwerpunktsetzung, die sich jedoch sinnvoll ergänzt. Um Hürden bei der Vermittlung von AAL-Inhalten in den Ausbildungsgängen abzubauen, sollte bereits bei der Qualifizierung des Lehrpersonals die Auseinandersetzung mit Technologien gefördert werden, um bestehende Hemmnisse und Fragen hinsichtlich eines Technikgebrauchs entgegenzutreten.

Bei der Befragung der Fachvertreter der medizinischen Fakultäten wird deutlich, dass der Thematik grundsätzlich Bedeutung beigemessen wird und eine Auseinandersetzung stattfindet. Sowohl AAL als auch Begriffe wie E-Health und Telemedizin sind bekannt und können ausführlich beschrieben werden. Allerdings stößt das Thema AAL in der medizinischen Ausbildung eher auf Ablehnung und wird derzeit auch in keiner der drei befragten Fakultäten tiefer thematisiert. Auch mit Blick auf die Zukunft werden technischen Assistenzsystemen keine wachsende Bedeutung zugesprochen, lediglich einer der Fachvertreter würde sich zukünftig einen höheren Stellenwert im Medizinstudium wünschen. Ein Vertreter aus dem Querschnittsbereich Geriatrie gibt konkrete Inhalte an, die einen Bezug zu AAL haben. Den zukünftigen Stellenwert von AAL-Systemen im Rahmen der täglichen ärztlichen Arbeit sehen die Befragten als hoch bis mittel an. Allerdings geht es mehr darum, der Ärzteschaft einen Überblick und eine grobe Vorstellung über das Technologiespektrum zu vermitteln. Bezüglich der Einschätzung der Konsequenzen dieser Entwicklungen geben sich die befragten Fachvertreter eher verhalten. Aus der genuinen Professionslogik der Humanmedizin heraus, ist der Ruf nach einer Evidenzbasierung nachvollziehbar.

5   Literaturverzeichnis

Barnard, A., Sandelowski, M. (2001): Technology and humane nursing care: (ir)reconcilable or invented difference? In: Journal of Advanced Nursing, 34(3), 367-375

Bauer, A., Boese, S., Landenberger, M. (2012): Technische Pflegeassistenzsysteme in der Regelversorgung: Eine Potentialanalyse aus Professionals-Perspektive. In: Pflegewissenschaft, 14(9), 459-467

Beauchamp, T. L. & Childress, J. F. (2013): Principles of biomedical ethics. New York: Oxford Univ. Press.

Buhr, R. (2009): Die Fachkräftesituation in AAL-Tätigkeitsfeldern: Perspektive Aus- und Weiterbildung. Berlin: Institut für Innovation und Technik in der VDI/VDE-IT

Destatis (2010): Demografischer Wandel in Deutschland. Auswirkungen auf Krankenhausbehandlungen und Pflegebedürftige im Bund und in den Ländern. Wiesbaden: Statistisches Bundesamt

Destatis (2011): Demografischer Wandel in Deutschland. Bevölkerungs- und Haushaltsentwicklung im Bund und in den Ländern. Wiesbaden: Statistisches Bundesamt

Endter, C. (2017): Assistiert altern. Die Entwicklung eines Sturzsensors im Kontext von Ambient Assisted Living. In: Biniok, P., Lettkemann, E. (Hrsg.): Assistive Gesellschaft. Multidisziplinäre Erkundungen zur Sozialform "Assistenz". Wiesbaden: Springer VS, 167-183

Ewers, M. (2010): Vom Konzept zur klinischen Realität – Desiderata und Perspektiven in der Forschung über die technikintensive häusliche Versorgung in Deutschland. In: Pflege & Gesellschaft, 15(4), 314-329

Gölz, U., Weber, M. (2015): Pflege im Spannungsfeld einer alternden Gesellschaft – Ergebnisse der Pflegestatistik 2013. In: Statistisches Monatsheft Baden-Württemberg, (6), 16-22

Hansen, H., Pohontsch, N. J., Bole, L., Schäfer, I., Scherer, M. (2017): Regional variations of perceived problems in ambulatory care from the perspective of general practitioners and their patients - an exploratory focus group study in urban and rural regions of northern Germany. In: BMC family practice, 18(1), 68

Häder, M. (2015): Empirische Sozialforschung: Eine Einführung. Wiesbaden: Springer VS

Hielscher, V. (2014): Technikeinsatz und Arbeit in der Altenpflege. Ergebnisse einer internationalen Literaturrecherche. Saarbrücken: Institut für Sozialforschung und Sozialwirtschaft

Hülsken-Giesler, M. (2007): Pflege und Technik-Annäherung an ein spannungsreiches Verhältnis. Zum gegenwärtigen Stand der internationalen Diskussion. 1. Teil. In: Pflege, 20(2), 103-112

Hülsken-Giesler, M. (2010): Technikkompetenzen in der Pflege - Anforderungen im Kontext der Etablierung Neuer Technologien in der Gesundheitsversorgung. In: Pflege & Gesellschaft, 15(4), 330-352

Kirchbuchner, F., Grosse-Puppendahl, T., Hastall, M. R., Distler, M., Kuijper, A. (2015): Ambient Intelligence from Senior Citizens' Perspectives: Understanding Privacy Concerns, Technology Acceptance, and Expectations: Understanding Privacy Concerns, Technology Acceptance, and Expectations. In: Ruyter, B. de, Kameas, A., Chatzimisios, P., Mavrommati, I. (Hrsg.): Ambient intelligence: 12th European conference, AmI 2015, Athens, Greece, November 11-13, 2015 proceedings. Berlin & Heidelberg: Springer, 48-59

Kopetsch, T. (2010): Dem deutschen Gesundheitswesen gehen die Ärzte aus! Studie zur Altersstruktur- und Arztzahlenentwicklung. Berlin: Bundesärztekammer und Kassenärztliche Bundesvereinigung

Kuckartz, U. (2014): Qualitative Inhaltsanalyse: Methoden, Praxis, Computerunterstützung. Weinheim & Basel: Beltz Juventa

Künemund, H. (2015): Chancen und Herausforderungen assistiver Technik. Nutzerbedarfe und Technikakzeptanz im Alter. In: Technikfolgenabschätzung – Theorie und Praxis, 24(2), 28-35

Künemund, H. (2016): Wovon hängt die Nutzung technischer Assistenzsysteme ab? Expertise zum Siebten Altenbericht der Bundesregierung. Berlin: Deutsches Zentrum für Altersfragen

Kunze, C. (2017): Technikgestaltung für die Pflegepraxis: Perspektiven und Herausforderungen. In: Pflege & Gesellschaft, 22(2), 130-146

Mayring, P. (2002): Einführung in die Qualitative Sozialforschung. Weinheim & Basel: Beltz Juventa

Munstermann, M. (2015): Technisch unterstützte Pflege von morgen. Innovative Aktivitätserkennung und Verhaltensermittlung durch ambiente Sensorik. Wiesbaden: Springer VS

Pelizäus-Hoffmeister, H. (2013): Zur Bedeutung von Technik im Alltag Älterer. Theorie und Empirie aus soziologischer Perspektive. Wiesbaden: Springer VS

Pols, J. (2017): Good relations with technology: Empirical ethics and aesthetics in care. In: Nursing philosophy, 18(1)

Remmers, H., Hülsken-Giesler, M. (2007): Zur Technisierung professioneller Pflege – Entwicklungsstand, Herausforderungen, ethische Schlussfolgerungen. In: Dominik, G., Jakobs, E.-M. (Hrsg.): E-Health und technisierte Medizin. Berlin: LIT, 193-215

Sandelowski, M. (1997): (Ir)Reconcilable Differences? The Debate Concerning Nursing and Technology. In: Journal of Nursing Scholarship, 29(2), 169-174

Schulz, E. (2012): Pflegemarkt: Drohendem Arbeitskräftemangel kann entgegengewirkt werden. In: DIW Wochenbericht, 79(51/52), 3-17

Selke, S. (2016): Quantified Self statt Hahnenkampf: Die neue Taxonomie des Sozialen. In: Bundesgesundheitsblatt, Gesundheitsforschung, Gesundheitsschutz, 59(8), 963-969

Steffan, S. (2010): Informatik in der pflegerischen Ausbildungsrealität. Eine empirische Untersuchung an den Pflegefachschulen. In: Pflegewissenschaft, 6(10), 342-348

Staggers, N., Gasser, C., Curran, C. (2002): A Delphi Study to Determine Informatics Competencies for Nurses at Four Levels of Practice. In: Nursing Research, 51(6), 383-390

Vilstrup, D. L., Madsen, E. E., Hansen, C. F., Wind, G. (2017): Nurses' Use of iPads in Home Care – What Does It Mean to Patients? A Qualitative Study. In: Computers, informatics, nursing, 35(3), 140-144

Bedeutung technischer Assistenzsysteme in der Pflegeberatung und ambulanten Versorgung

Teresa Klobucnik[a], Dorothea Weber[b], Johannes Steinle[b],
Maik H.-J. Winter[b] & Peter König[a]

[a] Institut Mensch, Technik und Teilhabe (IMTT), Hochschule Furtwangen
[b] Institut für Angewandte Forschung – Angewandte Sozial- und Gesundheitsforschung, Hochschule Ravensburg-Weingarten

Bei der Verbreitung technischer Assistenzsysteme spielen Pflegestützpunkte, Seniorenbüros und ambulante Pflegedienste eine wichtige Rolle. Für viele Menschen sind sie Anlaufstellen bei Fragen rund um das Thema Alter und Pflegebedürftigkeit oder direkte Vermittler technischer Hilfsmittel. Der vorliegende Beitrag untersucht zum einen den Bekanntheitsgrad solcher Hilfsmittel bei Mitarbeitenden der Pflegestützpunkte und Seniorenbüros sowie ihre Rolle in der Beratung. Zum anderen wird die technische Ausstattung ambulanter Pflegedienste als auch die Bedeutung von AAL-Systemen in ihrer täglichen Arbeit untersucht. Es zeigt sich, dass technische Hilfsmittel in den Beratungsgesprächen eher selten thematisiert werden und ein erheblicher Fortbildungsbedarf seitens der Mitarbeitenden besteht. Insofern spielen derzeit technische Assistenzsysteme bei ambulanten Pflegediensten, mit Ausnahme des Hausnotrufs und der softwaregestützten Arbeitsorganisation, eine untergeordnete Rolle.

1   Hintergrund

Der demografische Wandel wird sich insbesondere auf die Anzahl der Hochbetagten in Deutschland auswirken. So war im Jahr 2016 bereits etwa jeder achte Bundesbürger über 80 Jahre alt (Statistisches Bundesamt 2015). Die professionelle Pflege kann den daraus resultierenden Pflegebedarf jedoch nur begrenzt abdecken, weshalb seit einigen Jahren an der Entwicklung technischer Assistenzsysteme für ältere Menschen gearbeitet wird. Die Nutzung von technischen Unterstützungsmöglichkeiten gewinnt für ältere Generationen zudem an Bedeutung, da sich immer mehr Menschen wünschen, auch im Alter in ihrer vertrauten Umgebung leben zu können (BMFSFJ 2015). Der Einsatz alltagsunterstützender Systeme kann dazu beitragen, auch bei Einschränkungen ein weitgehend selbstständiges Leben zu führen.

Unter dem Begriff Ambient Assisted Living (AAL) werden im Allgemeinen Produkte und Dienstleistungen im Bereich der Informations- und Kommunikationstechnologie verstanden, die die Lebensqualität und das Sicherheitsgefühl von älteren und vulnerablen Personengruppen erhöhen können (Cardinaux et al. 2011). Neben älteren Menschen werden auch vermehrt die Beratenden der Pflegestützpunkte und Seniorenbüros sowie die Mitarbeitenden der ambulanten Pflegedienste mit dieser Thematik konfrontiert. Sie übernehmen eine wichtige Rolle bei der Vermittlung von Hilfemöglichkeiten für Seniorinnen und Senioren. Zu den Informationsbedürfnissen von älteren und pflegebedürftigen Menschen und deren Angehörigen zählen unter anderem auch Auskünfte zu Hilfsmitteln in der ambulanten Versorgung, wie bspw. zu Pflegebetten oder zur Inkontinenzversorgung (Nickel et al. 2010). Eine Befragung der Pflegestützpunkte in Baden-Württemberg hinsichtlich der Themen in den Beratungsgesprächen ergab, dass bei 92.803 geführten Gesprächen 1.859 Mal zum Thema „Hilfsmittel" beraten wurde, was einem Anteil von 2,9 % entspricht (Tebest et al. 2014). Eine ähnliche Studie, die die Beratungsinhalte von drei Pflegestützpunkten in Brandenburg untersuchte, ergab einen Anteil von 10 % beim Thema „Wohnumfeldberatung" in den Klientengesprächen (Ministerium für Arbeit, Soziales, Frauen und Familie des Landes Brandenburg 2011). Dies deutet darauf hin, dass die Themen AAL und Hilfesysteme in den Pflegestützpunkten zunehmend an Bedeutung gewinnen. Inwiefern die Pflegeberatenden allerdings darüber informiert sind und ob gegebenenfalls weiterer Informationsbedarf besteht, wurde bislang in Baden-Württemberg noch nicht systematisch untersucht.

Der früher stark anglo-amerikanisch geprägte wissenschaftliche Diskurs zum Spannungsfeld Technik und Pflege gewinnt auch in Deutschland seit etwas mehr als einem Jahrzehnt an Bedeutung, dennoch ist die empirische Evidenz über die Nutzung von AAL-Systemen in der ambulanten Pflege als schlecht zu beurteilen. International liegen zwar deutlich mehr Studien über die Nutzung und Effektivität von AAL-Systemen in der Pflege vor, allerdings identifizierten Barlow et al. bereits 2007 etwa 1 % aller Studien als untauglich für Meta-Studien (Barlow et al. 2007). Auch in einem Cochrane-Report wurde bei einer Sichtung von 2.380 Studien über den Einsatz von technischen Assistenzsystemen in der Pflege und Sozialarbeit nicht eine einzige Untersuchung gefunden, die den Ansprüchen eines Reviews genügen würde (Martin et al. 2008). Hinzu kommen heterogene Begriffsverwendungen und Definitionen, die die Einordnung publizierter Beiträge zusätzlich erschweren. Die ambulante Pflege in Deutschland fordert ihrerseits, dass sich Technologien zwingend an die höchst ausdifferenzierten Bedarfslagen und Biographien der Klientel als auch an die Gegebenheiten ihres häuslichen Umfelds anpassen müssen. Ferner wird vereinzelt Skepsis gegenüber der Messbarkeit biographisch verfestigter Routinen und Gewohnheiten geäußert, die eine entsprechende Individualisierung von Technik ermöglichen könnten (Hülsken-Giesler 2015).

Neben Fragen der Finanzierbarkeit und Kompatibilität der Technologien sehen einige Pflegende auch die Gefahr einer Deprofessionalisierung des Berufes durch neu entstehende Abhängigkeiten von Technik (ebd.). Andererseits setzen sich nicht zuletzt Pflegeverbände und Fachgesellschaften für eine erhöhte Technikakzeptanz der Pflegekräfte ein, da sie sich hierdurch eine Aufwertung des Berufsbildes versprechen (Dockweiler 2016). Eine Potentialanalyse technischer Pflegeassistenzsysteme in der Regelversorgung im ländlichen Raum Sachsen-Anhalts konnte eine hohe Aufgeschlossenheit der Pflegekräfte gegenüber Assistenzsystemen feststellen (Bauer et al. 2012). Zudem wurde eruiert, dass die spezifischen Berufslogiken auch verschiedene Präferenzen hinsichtlich der AAL-Funktionalitäten evozieren, die zu potentiellen Hürden bei einer vernetzenden Versorgung führen können (ebd.). Des Weiteren stellt sich derzeit die Frage, inwiefern die Ausdehnung des Technikeinsatzes Einfluss auf die Pflege und den Pflegeberuf hat (Friesacher 2010). Die außerklinische Pflege scheint sich momentan in Deutschland vornehmlich auf die Technikfelder der EDV-gestützten Dokumentation und Pflegeprozessplanung, des Telemonitoring und -nursing, der außerklinischen Intensivpflege sowie auf die GPS-Ortungsverfahren für Klienten (bspw. Menschen mit Weglauftendenzen) und der Dienstfahrzeuge zur intelligenten Routenplanung zu konzentrieren (Hielscher et al. 2015; Sowinski et al. 2013). Ein verstärkter Einsatz von AAL-Systemen in der ambulanten Pflege scheitert häufig auch daran, dass die Technikentwicklung spätere Nutzungszusammenhänge sowie die Bedarfe der Nutzenden nicht berücksichtigt und auch die pflege- und sozialwissenschaftliche Expertise bei der Entwicklung kaum zur Geltung kommt (Elsbernd et al. 2015).

2   Methodik

Für die Durchführung der Studie wurde ein Mixed-Methods-Ansatz gewählt. Die Pflegestützpunkte und Seniorenbüros wurden mittels leitfadengestützter Experteninterviews zu ihren subjektiven Erfahrungen und Meinungen befragt. Die Stichprobe bildeten hierbei alle offiziellen Pflegestützpunkte (48) und Seniorenbüros (33) in Baden-Württemberg. Der Erhebungszeitraum der Telefoninterviews erstreckte sich von August bis Oktober 2016. Der Fragebogen setzte sich aus offenen und geschlossenen Fragen zusammen. Schwerpunkte waren Kenntnisse über und Erfahrungen mit dem Thema AAL, eigene Einschätzungen zur Bedeutung des Themas sowie Wünsche hinsichtlich weiterer Informationen. Alle Interviews wurden mittels eines digitalen Aufnahmegeräts aufgezeichnet. Die Auswertung der Interviews erfolgte anhand der zusammenfassenden Inhaltsanalyse nach Mayring (1991). Die Pflegedienstleitungen der ambulanten Pflegedienste in Baden-Württemberg wurden in einer Online-Erhebung über ihre Erfahrungen und die ihrer Mitarbeitenden hinsichtlich eines Technikeinsatzes in ihrem Berufsalltag befragt. Dabei speist sich der Datensatz der ambulanten Pflegedienste aus den Erhebungen des Statistischen Landesamtes Baden-Württembergs aus dem Jahr 2013. Der Vollständigkeit der Daten wird insofern Genüge getan, als dass es sich bei dem Adressregister um diejenigen ambulanten Pflegedienste handelt, die in der Pflegestatistik berücksichtigt wurden und der Veröffentlichung ihrer Daten im Register zustimmten. Fehlende bzw. fehlerhafte E-Mailadressen wurden nachrecherchiert. Insgesamt konnten 966 ambulante Pflegedienste in Baden-Württemberg zwischen Februar und März 2017 zur Online-Befragung eingeladen werden. Der Fragebogen wurde theoriebasiert erarbeitet und umfasste überwiegend geschlossene Fragen mit vorgegebenen Antwortkategorien. Für die statistischen Analysen wurde SPSS Statistics 21 verwendet.

3 Ergebnisse

Es wurden insgesamt 43 Pflegeberatende von 38 Pflegestützpunkten (79,2 % Rücklaufquote) sowie drei Mitarbeitende von Seniorenbüros telefonisch befragt (9 % Rücklaufquote). Bei den ambulanten Pflegediensten konnten die Angaben von 68 Pflegedienstleitungen bei der Online-Erhebung ausgewertet werden. Dies entspricht einer Rücklaufquote von 7 % und ist damit anschlussfähig an die in der Literatur berichteten Rücklaufquoten ähnlicher Erhebungen (Batinic und Moser 2005).

3.1 Bedeutung technischer Assistenzsysteme in Pflegestützpunkten

Die Begriffe Ambient Assisted Living und technische Assistenzsysteme sind der überwiegenden Mehrheit der Befragten (95,3 %) bekannt. Mehr als die Hälfte (55,8 %) empfinden diese Themen auch als wichtig in der Beratung ihrer Klienten, 11,6 % sogar als sehr wichtig. Im Gegensatz dazu halten 30,2 % das Thema für weniger wichtig. Lediglich eine Person ist der Ansicht, dass AAL und technische Assistenzsysteme unwichtig im Rahmen der Klientenberatung sind. Über ein Fünftel begründet die Wichtigkeit von AAL damit, dass dadurch ein längerer Verbleib in der eigenen Häuslichkeit ermöglicht und somit die Selbstständigkeit älterer Menschen erhalten werden kann. Zudem sind jeweils 7,5 % der Meinung, dass Technik die Pflege erleichtern und Angehörige entlasten kann und somit vor allem der alleinstehenden Klientel zu Gute kommt, die entweder keine Angehörigen mehr hat oder diese nicht in unmittelbarer Nähe wohnen. Ebenfalls ein Fünftel sieht eine Problematik darin, dass die heutige ältere Generation wenig technikaffin ist und damit eher den technischen Assistenzsystemen ablehnend und ängstlich gegenübersteht. Hinzu kommen auch fehlende zeitliche Ressourcen in Beratungsgesprächen, die es für 15 % der Befragten unmöglich machen, über die drängenden Themen hinaus zu beraten. 12,5 % sehen die Bedeutsamkeit technischer Assistenzsysteme auch darin eingeschränkt, dass menschlicher Kontakt nicht ersetzt werden kann und somit Technik immer nur ein Teil des Ganzen bleibt. Die Tatsache, dass viele technische Geräte (noch) zu teuer sind und häufig eine Finanzierung nicht sichergestellt ist, bestärkt 10 % der Befragten in der Meinung, dass das Thema weniger wichtig in der Klientenberatung ist.

Abgesehen von der direkten Beratung der Klientel kommen mehr als zwei Drittel der Befragten (69,8 %) gelegentlich mit AAL und technischen

Assistenzsystemen während ihrer Arbeit in Kontakt. In den meisten Fällen begegnen sie der Thematik auf Messen, Kongressen, Fachtagungen oder Ausstellungen (73,7 %). Für 26,3 % der Befragten spielen die Themen eine Rolle in internen (Fall-)Besprechungen und beim Austausch unter Kolleginnen und Kollegen, 18,4 % haben eine Fortbildung hierzu besucht. Jeweils 15,8 % recherchieren aus Eigeninteresse zu diesen Themen und bekommen ihre Informationen über Werbekataloge, Fachzeitungen oder die Presse. Für jeweils 13,8 % kommt der Kontakt zum Themenfeld AAL durch eine Wohnraumberatungsstelle, den Besuch einer Musterwohnung oder eines Sanitätshauses sowie durch überregionale Treffen der Pflegestützpunkte oder Arbeitskreise zu Stande. Zwei Personen haben durch Forschungsprojekte etwas über diese Themen erfahren. In der Klientenberatung selbst kommen die Pflegeberatenden deutlich seltener mit AAL und technischen Assistenzsystemen in Kontakt. Mehr als die Hälfte (53,5 %) gibt an, dass diese Themen nur selten von der Klientel aktiv angesprochen oder nachgefragt werden. Bei einem Drittel (32,6 %) spielt es gelegentlich eine Rolle in den Gesprächen. Einer der Hauptgründe für die seltene Nachfrage der Klientel liegt laut den Befragten darin, dass viele der Systeme und Möglichkeiten den Menschen nicht bekannt sind (38,7 %). Zum heutigen Zeitpunkt werden eher die „etablierten" technischen Geräte wie bspw. Hausnotruf, Herdabschaltung, Treppenlifter, Aufstehhilfen oder Sensormatten nachgefragt (29 %). Die Generation, die momentan hilfebedürftig ist, ist nicht mit Technik aufgewachsen. Daher gehen laut den Befragten häufig eine mangelnde Technikaffinität und ein fehlendes Technikverständnis mit Ablehnung und Angst gegenüber diesen Systemen einher (22,6 %). Ein weiterer Aspekt ist, dass die Klientel der Pflegestützpunkte teilweise sozial schwach ist und viele der technischen Geräte noch zu teuer und demnach für einen Großteil der Menschen nicht finanzierbar sind (19,4 %). Für sie sind in der Beratung andere Themen vorrangig wichtig, so geht es häufig in einer Notsituation zunächst darum, eine Pflegestufe zu erhalten oder welche finanziellen Ansprüche man gegenüber der Pflegekasse hat (9,7 %). Schließlich bemängeln ebenfalls 9,7 % der Beratenden die Tatsache, dass zu wenig Öffentlichkeitsarbeit hinsichtlich technischer Assistenzsysteme betrieben wird, sodass ein allgemeines Informationsdefizit besteht. Lediglich 3,2 % sehen den Grund für die schwache Nachfrage der Klientel darin, dass für viele Geräte die Verlässlichkeit nicht sichergestellt und eventuelle Haftungsfragen noch ungeklärt sind.

Auch wenn technische Assistenzsysteme generell nur selten von der Klientel nachgefragt werden, lassen sich dennoch Unterschiede zwischen den einzelnen Systemen feststellen. Zu den eher thematisierten Systemen in den Beratungsgesprächen gehören demnach die elektrischen Aufstehhilfen, Systeme zur Notfall- und Sturzerkennung wie z.b. der Hausnotruf sowie Ortungs- und Lokalisierungssysteme. Momentan (noch) unbedeutend in der Beratung sind vor allem Assistenzroboter, computergestützte Bewegungstrainer, Navigationssysteme sowie emotionale Robotik. Zudem lassen sich auch Unterschiede bezüglich des Bekanntheitsgrades der Systeme unter den Pflegeberatenden feststellen. Demnach gehören vor allem die „klassischen" und bereits etablierten Assistenzsysteme wie Ortungs- und Lokalisierungssysteme, Notfall- und Sturzerkennungssysteme, Systeme zur Unterstützung der Tagesstrukturierung, elektrische Aufstehhilfen, Systeme zur kognitiven Aktivierung sowie emotionale Robotik zu den bekannteren Geräten. Dennoch ist zu sagen, dass alle Geräte – bis auf die Navigationssysteme – mehr als zwei Dritteln der Befragten bekannt sind.

3.2 Kompetenzen der Pflegeberatenden bezüglich AAL und technischer Assistenzsysteme

Zwei Drittel der Befragten (65,1 %) fühlt sich lediglich mittelmäßig und 20,9 % sogar schlecht über die Themen AAL und technische Assistenzsysteme informiert. Als gut informiert würden sich dagegen nur 14,0 % der Pflegeberatenden bezeichnen. Die Gründe für die tendenziell schlechte Informiertheit liegen hauptsächlich in der Notwendigkeit der eigenverantwortlichen Recherche (19,0 %), in der dafür fehlenden Zeit (14,3 %) sowie in den fehlenden Informationen über die technischen Geräte (19,0 %). 14,3 % geben zudem an, dass sich der AAL-Markt zu schnell verändert, um ständig „up to date" zu sein. Für jeweils 4,8 % der Befragten liegt die Ursache darin, dass es noch zu wenige marktfähige und bezahlbare Produkte gibt und ferner, dass die Beratenden oft überfordert sind oder dass die Geräte aufgrund mangelnder Technikaffinität selbst nicht genutzt werden. Gleichermaßen geben jeweils 4,8 % an, dass sie bei Technikfragen an zuständige Expertinnen und Experten verweisen müssen oder die Wohnraumberatung diese Aufgabe übernimmt. Knapp zwei Drittel der befragten Pflegeberatenden (62,8 %) gibt zudem an, dass es im Rahmen ihrer Tätigkeit keine Schulung zum Thema AAL und technische Assistenzsysteme gibt. Allerdings hatte der Großteil (69,8 %) bereits die Möglichkeit, eine AAL-Musterwohnung zu besuchen. Die am häufigsten besuchte Musterwohnung ist der Container des Forschungszentrums Informatik (FZI) in Karlsruhe (63,3 %), welcher häufig bei Veranstaltungen oder Messen zu sehen ist. Daran schließt sich die „Werkstatt Wohnen" des Kommunalverbands Jugend und Soziales (KVJS) in Stuttgart an, die ein Drittel der Befragten besichtigt hat. Die Wohnung der Beratungsstelle Alter und Technik in Villingen-Schwenningen, kurz BEATE, wurde von 30 % besucht. Jeweils 13,3 % der Pflegeberatenden haben sich das Lebensphasenhaus in Tübingen sowie das Future Care Lab der Hochschule Furtwangen angesehen.

3.3 Informationsbeschaffung und -bedarf

Mehr als die Hälfte der Befragten (51,2 %) informiert sich selbstständig über das Internet zum Thema AAL und technische Assistenzsysteme. 23,3 % wendet sich bei Fragen und Informationsbedarf an die zuständige Wohnberatung, bspw. des Deutschen Roten Kreuzes oder des Kreisseniorenrats, oder an die jeweilige Altenhilfefachberatung. Im Schwarzwald-Baar-Kreis gibt es eine Beratungsstelle für Alter und Technik, an deren Leitung sich 16,3 % der Pflegeberatenden bei Fragen wenden. 14,0 % geben an, sich über Broschüren, Produktkataloge und Fachzeitungen zu informieren, weitere 11,6 % besuchen Messen, Fortbildungen oder Vorträge zum Thema Technik und 9,3 % nutzen den Austausch mit Kollegen oder anderen Pflegestützpunkten. Jeweils 7 % informieren sich bei Sanitätshäusern, den Musterwohnungen des FZI oder des KVJS, sowie direkt bei den Firmen, Herstellern oder Hausnotrufanbietern. Fach- und Wohlfahrtsverbände sowie der Demenz Support Stuttgart und die Alzheimer Gesellschaft kommen für jeweils 4,7 % der Pflegeberatenden als Informationsquelle in Frage. Ebenfalls 4,7 % wenden sich bei Informationsbedarf zu technischen Assistenzsysteme direkt an die Kranken- und Pflegekassen sowie an die Hochschule Furtwangen.

Welche Informationen wünschen sich die Mitarbeitenden der Pflegestützpunkte? Mehr als ein Drittel von ihnen (38,1 %) würde eine Übersicht als sinnvoll erachten, in der Informationen zu den Geräten und Anbietern, zu den Vor- und Nachteilen, zu den Preisen sowie zur Nützlichkeit und Praktikabilität der Geräte aufgelistet sind. Dabei kann die Übersicht als Handbuch, PDF, Flyer, Broschüre oder auch als Online-Verzeichnis gestaltet sein. Für 23,8 % der Befragten wären (regelmäßige) Schulungen sinnvoll, die jedoch „kompakt und günstig" sein sollten, sowie Fortbildungen und Fachtagungen. Jeweils 14,3 % wünschen sich, automatisch Informationen über die Hersteller oder eine Plattform zu den Neuerungen und aktuellen Entwicklungen im Bereich technische Assistenzsysteme zu erhalten sowie die Möglichkeit, eine Musterwohnung zu besuchen oder mitbenutzen zu können. Für 11,9 % der Befragten wäre eine Auflistung speziell zu kleinen, einfachen und günstigen technischen Hilfen nützlich und 9,5 % geben an, Informationen zu Experten-Netzwerken sowie Beratungs- und Anlaufstellen zu benötigen, welche vor allem unabhängig und unverbindlich zu den technischen Möglichkeiten beraten. Weiterhin wünschen sich jeweils 7,1 % der Pflegeberatenden Hintergrundwissen zur Funktionalität der Systeme sowie eine Internetseite, auf der Informationen zu Forschungsaktivitäten, Gesetzesänderungen, Neuerungen und Erfahrungen aus der Praxis gelistet sind. Letztlich finden 4,8 % den Zugang zu technischen Geräten bzw. die Möglichkeit der Ausleihe sinnvoll und ein Befragter gibt an, dass eine eigene „Alter und Technik"-Stelle oder ein eigener Musterraum sinnvoll wäre.

3.4 Zukünftiger Stellenwert technischer Assistenzsysteme in Pflegestützpunkten

Wie schätzen die Pflegeberatenden den Stellenwert von technischen Assistenzsystemen in mittelfristiger Zukunft, also in etwa fünf bis zehn Jahren, ein? Mehr als die Hälfte (58,1 %) schätzt den Stellenwert als hoch ein, knapp 10 % sogar als sehr hoch. 27,9 % der Befragten geben den zukünftigen Stellenwert als mittel an, lediglich 2,3 % als gering bzw. sehr gering. Für die meisten Beratenden (57,1 %) liegt der Grund für den steigenden Stellenwert darin, dass die nächste Generation der Seniorinnen und Senioren technikaffiner sein wird. Zudem sind 21,4 % der Meinung, dass zukünftig immer mehr ältere Menschen alleinstehend sind und ohne die Unterstützung ihrer Kinder oder der Nachbarschaft zu Hause leben und daher eine umfassendere Nutzung technischer Systeme notwendig wird. Der zunehmende Fachkräftemangel in der Pflege ist für 16,7 % ausschlaggebend, dass Assistenzsysteme in Zukunft vermehrt zum Einsatz kommen werden. Jedoch sind ebenfalls 16,7 % der Befragten der Ansicht, dass die Finanzierung dieser Systeme schwierig ist, bzw. dass eine gesicherte Finanzierung Bedingung für die Umsetzbarkeit sein wird. Nichtsdestotrotz wird AAL von 14,3 % zukünftig als wichtig angesehen, um häusliche Pflege und somit den Wunsch vieler Menschen realisieren zu können, so lange wie möglich zu Hause leben zu können. Die Kritikerinnen und Kritiker sehen allerdings auch, dass Technik immer nur als Teil des Ganzen gesehen werden und auch in Zukunft den menschlichen Kontakt nicht ersetzen kann

(11,9 %). Zudem fehlt der derzeitigen älteren Generation noch die nötige Technikaffinität, weshalb 9,5 % der Pflegeberatenden einen großen Stellenwert von Assistenzsystemen erst in etwa 20 Jahren sehen. Für ebenfalls 9,5 % ist die zukünftige Bedeutung auch stets vom jeweiligen Hilfsmittel abhängig, da es zum Teil weniger sinnvolle bzw. komplizierte Systeme gibt, deren Marktfähigkeit von den Befragten in Frage gestellt wird. Schlussendlich bestehen für 4,8 % der Beratenden bei technischen Systemen auch immer Datenschutz- und Überwachungsprobleme sowie das Risiko, dass die Technik aussetzen kann.

Welche Konsequenzen ergeben sich daraus für die Arbeit in den Pflegestützpunkten? Die Hälfte der Beratenden (51,2 %) ist der Meinung, dass sie sich mehr über das Thema technische Systeme informieren und sich damit auskennen müssen, um ständig „up to date" zu sein. Knapp 20 % möchten das Thema mehr in die Klientenberatung miteinbeziehen und dadurch mehr Aufklärungsarbeit leisten. Die Teilnahme an entsprechenden Schulungen und Fortbildungen wird von 19,5 % als wichtig erachtet. Ebenfalls 19,5 % sehen auch bei Beratenden den Bedarf, ein gewisses pragmatisches Denken zu entwickeln und ständig zu überdenken, welche Technik im jeweiligen Fall realisierbar und notwendig sowie gleichzeitig auch für die Menschen bezahlbar ist. 7,3 % der Befragten möchten aufgrund der steigenden Bedeutung von AAL-Systemen entweder eigene Expertenstellen bzw. Wohnberatungen einrichten oder eine angegliederte Wohnberatung in ihre Arbeit miteinbeziehen. Für 4,9 % der Pflegeberatenden ist es zukünftig wichtig, Informationsmaterial in Form von Produktkatalogen oder Fachzeitschriften vor Ort zu haben, um der Klientel etwas an die Hand geben zu können. Ebenfalls 4,9 % möchten jeweils gerne die technischen Geräte vor Ort, z.B. in einem Musterraum, zeigen können sowie enger mit den Bausparkassen sowie dem Bau- und Sozialamt zusammenarbeiten.

3.5 Bedeutung technischer Assistenzsysteme in Seniorenbüros

Die Begriffe AAL und technische Assistenzsysteme sind zwei der drei Befragten der Seniorenbüros bekannt. Für zwei Mitarbeitende sind diese Themen allerdings weniger wichtig im Rahmen ihrer Arbeit, einer gibt an, dass sie sehr wichtig sind. Zwei Befragte kommen während ihrer Arbeit mit AAL und technischen Assistenzsystemen selten in Berührung, so z.B. auf Tagungen oder durch den Besuch einer Firma, die Assistenzsysteme vertreibt. Der dritte Befragte gibt an, gelegentlich mit diesen Themen in Berührung zu kommen, bspw. in Gremien und bei runden Tischen mit dem Sozialverband VDK oder der Arbeiterwohlfahrt. Ebenfalls geben zwei Mitarbeitende an, dass technische Systeme nur selten von den Besuchern der Seniorenbüros nachgefragt werden, hauptsächlich, weil die Büros eher als Vermittlungsstelle dienen und keine Pflegeberatung anbieten (Bundesarbeitsgemeinschaft Seniorenbüros 2016). Ein Befragter äußert, dass bei ihm die Systeme oft nachgefragt werden, jedoch meist nur bestimmte wie z.B. der Hausnotruf.

Bei einem Befragten wurden im Rahmen seiner Arbeit Schulungen zum Thema AAL und technischen Assistenzsystemen angeboten und zwei haben bereits eine Musterwohnung besucht. Die Befragten fühlen sich mittelmäßig bis gut über diese Thematik informiert. Zwei von ihnen beziehen ihre Informationen dazu meist über das Internet, ein Dritter nutzt dafür Fortbildungen sowie Informationen von Organisationen wie das Deutsche Rote Kreuz oder die Malteser. Zwei Mitarbeitende der Seniorenbüros wünschen sich konkrete Informationen, bspw. durch Kataloge mit einer Übersicht zu den Anbietern und den jeweiligen Kosten der Produkte oder eine Broschüre mit Angaben zu den Leistungen der Krankenkassen sowie zu den jeweiligen Ansprechpartnern.

3.6 Zukünftiger Stellenwert technischer Assistenzsysteme in Seniorenbüros

Zwei der drei befragten Mitarbeitenden der Seniorenbüros schätzen den zukünftigen Stellenwert von AAL und technischen Assistenzsystemen für ältere Menschen als sehr hoch ein, ein Mitarbeitender als hoch. Begründet werden die Einschätzungen zum einen dadurch, dass es zwar aktuell noch starke Berührungsängste gibt, die nächste Generation aber technikaffiner sein wird. Zum anderen werden Assistenzsysteme aufgrund der steigenden Lebenserwartung, der schwindenden familiären Unterstützung und dem damit verbundenen erhöhten Bedarf an häuslicher Unterstützung in Zukunft immer wichtiger. Als Konsequenz daraus nennt ein Befragter, dass mehr Veranstaltungen organisiert werden und die Beratungsstellen selbst sich mehr darüber informieren müssen, wo welche Geräte angeboten werden. Ein Befragter wünscht sich, dass sich einzelne Geräte mehr etablieren und mehr Erfahrungsberichte bestehen. Als Problem sieht er aktuell die Unwissenheit, wo man gute Informationen über AAL erhalten kann, was jeweils vor Ort umsetzbar ist und wer die entsprechenden Ansprechpartner bei Problemen oder Reparaturen sind. Schließlich nennt ein Befragter auch die Notwendigkeit, dass mehr Vorträge z.b. über das Thema Musterwohnungen für interessierte Seniorinnen und Senioren angeboten werden sollten.

3.7 Technische Ausstattung und Angebote der Pflegedienste

Die technische Ausstattung der befragten Pflegedienste orientiert sich an einem funktionalen Nutzen (vgl. Abb. 1). So werden neben dem vorwiegenden Software-Einsatz zur Erleichterung organisatorischer und abrechnungsrelevanter Tätigkeiten bei knapp der Hälfte aller befragten

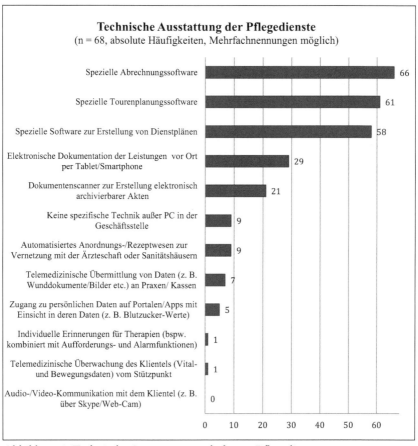

Abbildung 1: Technische Ausstattung ambulanter Pflegedienste.

144

Pflegedienste elektronische Dokumentationssysteme mittels Tablet oder Smartphone-Anwendungen verwendet (n = 29). Ein Befragter äußert darüber hinaus, dass zusätzlich zu einem onlinebasierten Qualitätsmanagementsystem auch die Dienstfahrzeuge der Mitarbeitenden mit GPS-Sendern ausgestattet sind. Weiterhin stellt etwa die Hälfte aller befragten Pflegedienste ihrer Klientel Hausnotrufdienste als eine der gängigen AAL-Technologien zu Verfügung (n = 35), zehn von ihnen bieten zusätzlich Beratungen zu technischen Assistenzsystemen im Haushalt an. Telemedizinische Anwendungen, wie der Austausch mit weiteren Gesundheitsdienstleistern und Telemonitoring, finden hingegen keine nennenswerte Verbreitung.

3.8 Bedeutung technischer Assistenzsysteme für ambulante Pflegedienste

Die grundlegende Einschätzung der befragten Pflegedienstleitungen hinsichtlich des Interesses an Pflege und Technik ihres gesamten Teams zeigt zunächst ein ausgeglichenes Bild. Während 54 % der befragten Leitungskräfte ein hohes Interesse in ihrem Team wahrnehmen, schätzen 45 % das Interesse als eher niedrig oder sehr niedrig ein. Dabei scheinen insbesondere kleinere Pflegedienste mit maximal 50 zu versorgenden Klientinnen und Klienten (rund 10 % aller Pflegedienste der Stichprobe) häufiger ein eher niedriges Interesse an Pflege und Technik aufzuweisen. Kennzeichnend ist dabei auch, dass bei 54,4 % der befragten Pflegedienste technische Assistenzsysteme bislang kaum eine Rolle spielen (vgl. Abb. 2). Überraschenderweise sehen sich gleichzeitig zwei Drittel der befragten ambulanten Pflegedienste prinzipiell als Hauptinitiatoren bei der Anschaffung von AAL-Technologien für ihre Klientel. Ärztinnen und Ärzte (n = 14) sowie die Klientel selbst (n = 19) werden nur selten als Initiatoren genannt. Gleichzeitig erleben sich die Mehrzahl der befragten Pflegedienste (53,0 %) in ihren Entscheidungsmöglichkeiten hinsichtlich technischer Assistenzsysteme stark abhängig von anderen Akteuren des Gesundheitswesens sowie von den Kranken- und Pflegeversicherungen.

Fortbildungen zu technischen Assistenzsystemen werden von 73,5 % aller befragten Pflegedienste als sinnvoll und wichtig erachtet. Kooperationen mit Firmen (22 %), die entsprechende Technik für ein selbstständiges Altern anbieten sowie Kontakte zu Hochschulen oder anderen Forschungseinrichtungen (17,6 %) haben sich jedoch bislang nur marginal etabliert.

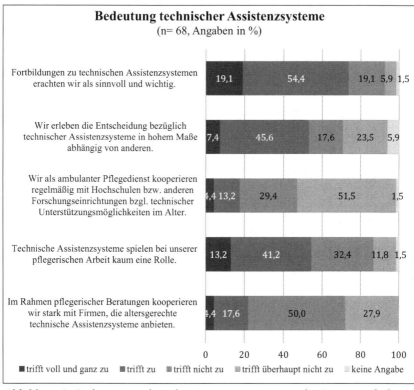

Abbildung 2: Bedeutung technischer Assistenzsysteme in der Praxis ambulanter Pflegedienste.

3.9 Bekanntheit technischer Assistenzsysteme in ambulanten Pflegediensten

Zur Einschätzung der Bekanntheit von AAL-Technologien wurde den Befragten eine Reihe an Technologien genannt und gefragt, welche der Produkte geläufig sind. 91 % sind Informations- und Dokumentationssysteme wie bspw. die elektronische Patientendokumentation bekannt. Technologien, die der Notfall- und Sturzerkennung dienen, sind 82 % der befragten Pflegedienste bekannt. An dritter Stelle folgen Systeme zur Alltagsunterstützung (Smart Home-Anwendungen wie z.B. Beleuchtungssysteme), die 62 % bekannt sind. Aufstehhilfen für Menschen mit Gehbehinderung sind 60 % bekannt. Umso jünger AAL-Produkte sind, desto weniger treffen sie in der Pflegepraxis auf Bekanntheit. Dies trifft bspw. auf Innovationen im digitalen Bereich zu. Mobilisierungshilfen durch Bewegungstrainer (z.b. mittels Serious Games-Applikationen) sind 63 % aller Befragten unbekannt. Auch Assistenzroboter sind 66 % der Befragten nicht bekannt. Gänzlich unbekannt (84 %) sind bereits einsatzfähige Geräte der emotionalen Robotik wie die therapeutische Robbe Paro. Systeme, die der kognitiven Aktivierung dienen (z.b. digitale Bücher zur Biographiearbeit) sind 74 % aller befragten ambulanten Pflegedienste nicht bekannt, wenngleich einschränkend erwähnt werden muss, dass diese Technologien vorwiegend im stationären Pflegebereich eingesetzt werden. Zusammenfassend lässt sich konstatieren, dass die Bekanntheit der AAL-Produkte mit der Verbreitung in den Haushalten der Klienten korrespondiert. Über kausale Wirkrichtungen lassen sich mit dem erhobenen Datenmaterial allerdings keine Aussagen treffen.

3.10   Akzeptanz technischer Assistenzsysteme

Der Einsatz von Technologien steht in enger Verbindung mit der Akzeptanz der Nutzenden. Aus diesem Grund wurden im Rahmen der Online-Befragung Determinanten eines Technikeinsatzes hinsichtlich ihrer Wichtigkeit in Bezug auf AAL in der Pflege von den befragten Pflegedienstleitungen bewertet. Großer Konsens herrscht bei der besonderen Bedeutung der Technikakzeptanz durch die Klientel (87 % wichtig/eher wichtig). Diese Einschätzung spiegelt sich auch in der Literatur wider: Entgegen einer funktional geprägten Techniksozialisation älterer Menschen in ihrer Jugend- und Berufszeit, führen ihre subjektiven Sinnsetzungen heute auch zu tieferen Beweggründen des Technikgebrauchs (Pelizäus-Hoffmeister 2013). Demnach versprechen sich viele ältere Menschen durch ihren Technikgebrauch eine stärkere soziale Integration in die technologisierte Gesellschaft, andere haben ein Interesse daran, die heutige Technik aktiv zu verstehen und zu ergründen (ebd.). Auch der Akzeptanz technischer Assistenzsysteme durch die Pflegekräfte selbst wird eine hohe Bedeutung beigemessen. 91 % der Befragten halten diese für wichtig oder eher wichtig. Unter dem bereits aufgeführten Befund, dass sich Pflegekräfte hauptsächlich selbst als Initiatoren für eine Anschaffung von AAL-Technik sehen, wirkt diese Einschätzung plausibel. 86 % empfinden zudem die Kompetenzen der Pflegekräfte hinsichtlich technischer Assistenzsysteme für maßgeblich, um eine entsprechende Offenheit der Klientel überhaupt erst zu ermöglichen. Datenschutzrechtliche Aspekte werden von zwei Dritteln der

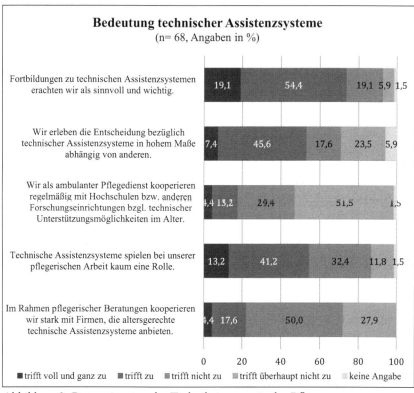

Abbildung 3: Determinanten des Technikeinsatzes in der Pflege.

Befragten als wichtig oder eher wichtig eingestuft. Auch Seniorinnen und Senioren äußern den Wunsch nach hohen Datenschutzstandards. AAL-Technologien, die datenschutzrechtlich weit in die Privatsphäre reichen (bspw. Kameraüberwachung statt Alarmknopf), werden von älteren Menschen vornehmlich abgelehnt (Kirchbuchner et al. 2015). Die Pflegedienstleitungen schätzen hingegen ethische und haftungsrechtliche Aspekte der Technikanwendung für etwas wichtiger ein als den Datenschutz. Dies kann mit den berufsspezifischen Perspektiven auf Technik korrespondieren. So stellt sich bei der Nutzung eines Exoskeletts während des Pflegebesuchs schnell die Frage, wer bei einem möglichen Unfall haftet. Auch die ethische Reflektion neuer Technologien ist zu begrüßen. Datenschutzrechtliche Aspekte müssten jedoch an Relevanz gewinnen, um einerseits dem Bedarf der Senior(inn)en zu entsprechen und andererseits den Schutz der Privatsphäre und etwaiger erhobener Daten sicherzustellen.

4   Fazit

Die Bedeutung und Relevanz von AAL stellt sich in den Pflegestützpunkten und ambulanten Pflegediensten ähnlich dar. Das Interesse an technischen Assistenzsystemen scheint jedoch in den Pflegestützpunkten höher – hier bekundet lediglich ein Drittel der Befragten weniger Interesse, im Gegensatz zu den ambulanten Pflegediensten, bei denen knapp die Hälfte ein geringeres Interesse äußert. Gleichzeitig merken jedoch zwei Drittel der Pflegedienstleitungen ambulanter Pflegedienste an, dass sie sich als Hauptinitiatoren bei der Anschaffung von AAL-Technologien sehen. In den Pflegestützpunkten zeigt sich, dass AAL in den Beratungen eine geringe Rolle spielt, da dringendere Themen im Vordergrund stehen. Gleichzeitig äußern die Pflegeberatenden, dass technische Assistenzsysteme von den Seniorinnen und Senioren aufgrund fehlender Kenntnisse kaum nachgefragt werden. In den ambulanten Pflegediensten scheint dies ähnlich, da sich Pflegedienstleitungen ein besseres (Fach-)Wissen über AAL zuschreiben als ihre Patient(inn)en. AAL wird in Beratungsgesprächen scheinbar erst dann angesprochen, wenn die Klientel gezielt danach fragt. Gründe für die Zurückhaltung der Pflegestützpunkte können, neben den knappen zeitlichen Ressourcen, die eigenen Unsicherheiten und fehlende einheitliche und unübersichtliche Informationen zu technischen Assistenzsystemen sein.

Darüber hinaus zeigt sich, dass sowohl bei Pflegestützpunkten als auch bei ambulanten Pflegediensten ähnliche technische Assistenzsysteme im Fokus stehen. Jüngere AAL-Produkte wie Assistenzroboter, Navigationssysteme und Technologien der emotionalen Robotik scheinen in der momentanen pflegerischen Versorgung keine Rolle zu spielen, da diese vielen Pflegedienstleitungen nicht bekannt sind und in Beratungsgesprächen der Pflegestützpunkte kaum erläutert werden, ähnlich wie dies in vergleichbaren Untersuchungen berichtet wird (Tebest et al. 2014; Ministerium für Arbeit, Soziales, Frauen und Familie des Landes Brandenburg, 2011; Hielscher et al. 2015; Sowinski et al. 2013). Bei der Befragung der Seniorenbüros wird deutlich, dass die Themen AAL und technische Assistenzsysteme den Mitarbeitenden zwar bekannt sind, jedoch keine Rolle in den Gesprächen mit den Besuchern spielen. Dies liegt hauptsächlich daran, dass Seniorenbüros keine Pflegeberatung anbieten, sondern für die Organisation von Aktivitäten und Ehrenamt zuständig sind. Dennoch schätzen die Mitarbeitenden das Thema als wichtig ein und wünschen sich mehr Informationen dazu. Insgesamt zeigt sich, dass auf beiden Seiten eine gewisse Unsicherheit bezogen auf die momentan vorhandenen sowie auf die sich noch in der Entwicklung befindenden technischen Assistenzsysteme besteht. Sowohl bei den Pflegestützpunkten und Seniorenbüros als auch bei den ambulanten Pflegediensten scheint eine abwartende, jedoch durchaus aufgeschlossene Haltung, hinsichtlich der Entwicklung assistiver Technologien zu bestehen.

5 Literaturverzeichnis

Barlow, J., Singh, D., Bayer, S. & Curry, R. (2007): A systematic review of the benefits of home telecare for frail elderly people and those with long-term conditions. In: Journal of telemedicine and telecare, 13(4), 172–179

Batinic, B. & Moser, K. (2005): Determinanten der Rücklaufquote in Online-Panels. In: Zeitschrift für Medienpsychologie, 17(2), 64-74

Bauer, A., Boese, S. & Landenberger, M. (2012): Technische Pflegeassistenzsysteme in der Regelversorgung. Eine Potentialanalyse aus Professionals-Perspektive. In: Pflegewissenschaft, 14(9), 459–467

Bundesarbeitsgemeinschaft Seniorenbüros (2016). Seniorenbüros – Entwicklungszentren für innovative Seniorenarbeit. Online verfügbar unter http://www.seniorenbueros.org/index. php?id=5 (letzter Zugriff am 25.10.2016)

Bundesministerium für Familie, Senioren, Frauen und Jugend (2015). Länger zuhause leben. Ein Wegweiser für das Wohnen im Alter. Online verfügbar unter https://www.bmfsfj.de/ bmfsfj/service/publikationen/laenger-zuhause-leben/77502 (letzter Zugriff am 25.10.2016)

Cardinaux, F., Bhowmik, D., Abhayaratne, C. & Hawley, M. (2011): Video Based Technology for Ambient Assisted Living: A review of the literature. In: Journal of Ambient Intelligence and Smart Environments (JAISE). ISSN 1876-1364

Dockweiler, C. (2016): Akzeptanz der Telemedizin. In: Fischer, F. & Krämer, A. (Hg.): eHealth in Deutschland. Anforderungen und Potenziale innovativer Versorgungsstrukturen. Berlin, Heidelberg: Springer Verlag, 257–273

Elsbernd, A., Lehmeyer, S. & Schillingen, U. (2015): Pflege und Technik - Herausforderungen an ein interdisziplinäres Forschungsfeld. In: Pflege & Gesellschaft, 20(1), 67–76

Friesacher, H. (2010): Pflege und Technik – eine kritische Analyse. In: Pflege & Gesellschaft, 15(4), 293–313

Hielscher, V., Kirchen-Peters, S. & Sowinski, C. (2015): Technologisierung der Pflegearbeit? Wissenschaftlicher Diskurs und Praxisentwicklungen in der stationären und ambulanten

Langzeitpflege. Increasing use of technology in nursing practice? Scientific discourse and practical applications in long-term care. In: Pflege & Gesellschaft, 20(1), 5–19

Hülsken-Giesler, M. (2015): Technische Assistenzsysteme in der Pflege in pragmatischer Perspektive der Pflegewissenschaft. Ergebnisse empirischer Erhebungen. In: Weber, K., Frommeld, D., Manzeschke, A. & Fangerau, H. (Hg.): Technisierung des Alltags. Beitrag für ein gutes Leben? Stuttgart: Steiner (Wissenschaftsforschung, 7), 117–131

Kirchbuchner, F., Grosse-Puppendahl, T., Hastall, M., Distler, M. & Kuijper, A. (2015): Ambient Intelligence from Senior Citizens' Perspectives: Understanding Privacy Concerns, Technology Acceptance, and Expectations. In: De Ruyter, B., Kameas, A., Chatzimisios, P. & Mavrommati, I. (Hg.): Ambient intelligence. 12th European conference, AmI 2015, Athens, Greece, November 11-13, 2015: proceedings. Berlin, Heidelberg: Springer, 48–59

Martin, S., Kelly, G., Kernohan, W., McCreight, B. & Nugent, C. (2008): Smart home technologies for health and social care support. In: The Cochrane database of systematic reviews (4), CD006412

Mayring, P. (1991): Qualitative Inhaltsanalyse. In: Flick, U. (Ed.) (1991); Von Kardoff, E. (Ed.); Keupp, H. (Ed.); Von Rosenstiel, L. (Ed.); Wolff, S. (Ed.): Handbuch qualitative Forschung: Grundlagen, Konzepte, Methoden und Anwendungen. München: Beltz – Psychologie Verl. Union, 209-212

Ministerium für Arbeit, Soziales, Frauen und Familie des Landes Brandenburg (2011): Evaluation von Pflegestützpunkten im Land Brandenburg. Online verfügbar unter http://www.masgf.brandenburg.de/media_fast/4055/Evaluationsbericht%20PSP%20Brandenburg_final.pdf (letzter Zugriff am 21.09.2017)

Nickel, W., Born, A., Hanns, S. & Brähler, E. (2010): Welche Informationsbedürfnisse haben pflegebedürftige ältere Menschen und pflegende Angehörige? Zeitschrift für Gerontologie und Geriatrie, 2(44), 109-114

Pelizäus-Hoffmeister, H. (2013): Zur Bedeutung von Technik im Alltag Älterer. Theorie und Empirie aus soziologischer Perspektive. Wiesbaden: Springer VS

Sowinski, C., Kirchen-Peters, S. & Hielscher, V. (2013): Praxiserfahrungen zum Technikeinsatz in der Altenpflege. Kuratorium Deutsche Altershilfe. Online verfügbar unter https://www.kda.de/tl_files/kda/Projekte/Technikeinsatz%20in%20der%20Pflegearbeit/2013_11_21%20PraxisfeldanalyseEnd.pdf (letzter Zugriff am 21.09.2017)

Statistisches Bundesamt (2015): Bevölkerung Deutschlands bis 2060. 13. Koordinierte Bevölkerungsvorausberechnung. Wiesbaden

Tebest, R., Mehnert, T., Nordmann, H. & Stock, S. (2014): Angebot und Nachfrage von Pflegestützpunkten. Zeitschrift für Gerontologie und Geriatrie, 8(48), 734-739

312 Seiten, ISBN 978-3-89967-943-4, Preis: 30,- €

eBook: ISBN 978-3-89967-944-1,
Preis: 22,- € (www.ciando.com)

PABST SCIENCE PUBLISHERS
Eichengrund 28
D-49525 Lengerich
Tel. + + 49 (0) 5484-308
Fax + + 49 (0) 5484-550
pabst.publishers@t-online.de
www.psychologie-aktuell.com
www.pabst-publishers.de

Guido Kempter,
Walter Ritter
(Hrsg.)

Assistenztechnik für betreutes Wohnen

Ethik bei AAL-Lösungen
Helmut Bachmaier

Potenzial des Erfahrungskapitals im demografischen Wandel
Manfred Kofler, Nesrin Ates, Felix Piazolo

"Was wird mit dem Älterwerden mehr?"
Die Potenziale machen Ältere stark, nicht ihre Defizite
Leopold Stieger

Technikbereitschaft und Technikangst
Guido Kempter, Birgit Hofer

Assistenztechnologien im Einsatz für mehr Lebensqualität ist keine Generationenfrage – aber eine Frage des Konzeptionierens
Andrea Ch. Kofler

Technik für Senioren mit Senioren entwickeln: User-Centered Design am Beispiel eines EU-Projekts
Cornelia Schauber, Christoph Nedopil, Sebastian Glende

Wohnen

Kritische Reflexionen über technologieunterstützte Angebote für Betreutes Wohnen im Alter
Erika Geser-Engleitner

Mobilität

Selbstständig und sicher im Alter – Einschätzung des Beratungsbedarfes für die Verwendung einer Notrufhilfe auf Basis der Selbstpflegekompetenz
Eva Schulc, Alexander Hörbst, Martin Pallauf, Christa Them

Passive Infrared Motion Detector Based System to Monitor Daily Structure of People
Walter Ritter, Rumen Filkov

Weiterentwicklung existierender Assistenz- und Mobilitätshilfen für Senioren – Nutzen, Akzeptanz und Potenziale
Barbara Geilhof, Jörg Güttler, Matthias Heuberger, Stefan Diewald, Daniel Kurz

fearless Life Comfort System
Rainer Planinc, Martin Kampel, Michael Brandstötter

KIT-Aktiv – Bewegt zu mehr Lebensqualität im Alter
Mariella Hager, Mario Drobics, Markus Garschall, Manfred Tscheligi

2PCS – Personal Protection & Caring System
Peter Kulmbrein, Lennart Köster, Felix Piazolo, Jochen Kuhn

Sturzprophylaxe Sensorik
Johannes Hilbe

Active Motion Board
Paolo Ferrara, Ronald Naderer

"SeniorInnen – sicher aktiv" – Ausgewählte Case Studies zum Thema Barrierefreiheit
Gerald Furian, Alexandra-Kühnelt-Leddihn, Martin Block, Eva Aigner-Breuss, Verena Grubmüller

Information

YouDo – we help! – Ein TV-basiertes Lernsystem für pflegende Angehörige
Christin Weigel, Thomas Bugal

Ein TV-basiertes Lernsystem für pflegende AngehörigeYouDo – we help!
Alexander Smekal, Patricia Köll

**136 Seiten, ISBN 978-3-95853-213-7,
Preis: 15,- €**

eBook: ISBN 978-3-95853-214-4,
Preis: 10,- € (www.ciando.com)

Cornelia Kricheldorff & Lucia Tonello

IDA – Das interdisziplinäre Dialoginstrument zumTechnikeinsatz im Alter

Der Einsatz von technischen Hilfsmitteln zur Sicherung der Sozialen Teilhabe, zur Ermöglichung des Verbleibs im gewohnten sozialen Umfeld – auch bei zunehmendem Hilfe- und Unterstützungsbedarf – und zur Erweiterung einer selbstständigen Lebensführung wirft viele Fragen auf. Die interdisziplinäre Kooperation und der Dialog zwischen verschiedenen wissenschaftlichen Disziplinen und Akteuren ist notwendig, um den zahlreichen Herausforderungen, Hürden und Hindernissen begegnen zu können, die mit dem Technikeinsatz im Alltag verbunden sind.

Die beiden Autorinnen waren im Rahmen des interdisziplinären Forschungsverbunds ZAFH-AAL (Zentrum zur angewandten Forschung: Assistive Systeme und Technologien zur Sicherung sozialer Beziehungen und Teilhabe für Menschen mit Hilfebedarf), gefördert vom Ministerium für Wissenschaft, Forschung und Kunst Baden-Württemberg, für ein Meta- und Querschnittsprojekt verantwortlich, in dessen Rahmen das Dialoginstrument IDA entstand. Dieses bietet einen Rahmen zur Ermöglichung und Unterstützung interdisziplinärer Prozesse im Kontext der Entwicklung und des praktischen Einsatzes von technischen Produkten und Systemen.

Neben der theoretischen Herleitung des Dialoginstrumentes, enthält das Buch auch einen Leitfaden zur Anwendung. Damit können sowohl Entwicklungsprozesse im wissenschaftlichen Bereich als auch in der einschlägigen Fachpraxis (Beratungsstellen für ältere und behinderte Menschen, Angehörigenberatung, ambulante und stationäre Pflege.) gefördert werden.

PABST SCIENCE PUBLISHERS
Eichengrund 28
D-49525 Lengerich
Tel. + + 49 (0) 5484-308
Fax + + 49 (0) 5484-550
pabst.publishers@t-online.de
www.psychologie-aktuell.com
www.pabst-publishers.de